Berichte aus der Steuerungs- und Regelungstechnik

Klaus-Peter Döge

Elementare Grundlagen der Regelungstechnik

Ein Arbeitsbuch mit durchgerechneten Beispielen

2. Auflage

Shaker Verlag
Düren 2022

Bibliografische Information der Deutschen Nationalbibliothek
Die Deutsche Nationalbibliothek verzeichnet diese Publikation in der Deutschen Nationalbibliografie; detaillierte bibliografische Daten sind im Internet über http://dnb.d-nb.de abrufbar.

Printed in Germany.

ISBN 978-3-8440-8808-3
ISSN 0945-1005

Shaker Verlag GmbH • Am Langen Graben 15a • 52353 Düren
Telefon: 02421 / 99 0 11 - 0 • Telefax: 02421 / 99 0 11 - 9
Internet: www.shaker.de • E-Mail: info@shaker.de

Vorwort zur zweiten Auflage

Noch ein Buch über Regelungstechnik?

Ja, denn die vorliegende Abhandlung beschränkt sich mit einem Umfang von 100 Seiten, konsequent auf die grundlegenden Zusammenhänge dieser anspruchsvollen Querschnittsdisziplin. Die in vielen Büchern bereits im Grundlagenbereich behandelten weiterführenden Themen wie Zustandsregelung, nichtlineare Regelung und zeitdiskrete Regelung sind hier ausgespart, damit das Wesentliche nicht aus dem Blick gerät.

Regelungen werden immer dann eingesetzt, wenn der Wert oder der Verlauf einer physikalischen Größe gezielt beeinflusst werden soll. Für die Einsatzfelder der Regelungstechnik gibt es damit praktisch keine Einschränkung. Genannt seien beispielsweise die chemische Verfahrenstechnik, die elektrische Antriebstechnik, Energiespeicherung- und Verteilung, die biomedizinische Technik, Heizungs- und Lüftungstechnik, Verkehrssteuerungen sowie die Luft- und Raumfahrt.

Die Vielfalt der genannten Anwendungen macht deutlich, dass allgemeingültige Prinzipien für die Beschreibung von Regelungssystemen verwendet werden müssen. Diese finden sich in der Mathematik. Unverzichtbare Grundlagen sind

- lineare Differentialgleichungen,
- Grundbegriffe der Integralrechnung,
- das formale Ausführen der Laplace- Hin- und Rücktransformation,
- Matrizenrechnung und
- das Rechnen mit komplexe Zahlen.

Das vorliegende Buch kann keine Mathematikvorlesung ersetzen. Dennoch finden sich im ersten Kapitel einige Grundlagen, die sich aus der Praxis des Lehrenden als besonders erklärungsbedürftig herauskristallisiert haben. Darüber hinaus unterstützen zahlreiche, vollständig durchgerechnete Beispiele den Lernprozess.

In dieser zweiten Auflage, sind die bekannt gewordenen Schreibfehler der ersten Auflage behoben. Das Kapitel zu den mathematischen Grundlagen wurde durch die Darstellung der wichtigsten Rechenregeln der Matritzenrechnung erweitert. Das Unterkapitel zur Konstruktion der Bode-Diagramme musste einer Einführung in das Konzept der Zustandsmodelle weichen. Dadurch wurde eine Verbindung zu weiterführenden Themen der Regelungstechnik geschaffen.

Inhaltsverzeichnis

1 Mathematische Grundlagen

1.1 Komplexe Zahlen

Eine komplexe Zahl

$$z = a + jb$$

besteht aus einem Realteil a und einem Imaginärteil b, wobei a und b relle Zahlen sind. Die imaginären Einheit j ist definiert als

$$j = \sqrt{-1}.$$

Diese Darstellungsform bezeichnet man als algebraische Form. Eine komplexe Zahl lässt sich in einem kartesischen Koordinatensystem darstellen, wobei der Realteil den Wert auf der Abszisse, und der Imaginärteil den Wert auf der Ordinate liefert.

Indem man einen Zeiger vom Ursprung des Koordinatensystems auf die komplexe Zahl definiert, erhält man eine weitere Darstellungsform, die sogenannte Exponentialform

$$z = re^{j\phi}.$$

Hierbei liefert

$$r = \sqrt{a^2 + b^2}$$

den Betrag der komplexen Zahl, und somit die Länge des Zeigers, und

$$\phi = \arctan \frac{b}{a}$$

das Argument der komplexen Zahl, also den Winkel, den der Zeiger mit reellen Achse einschließt.

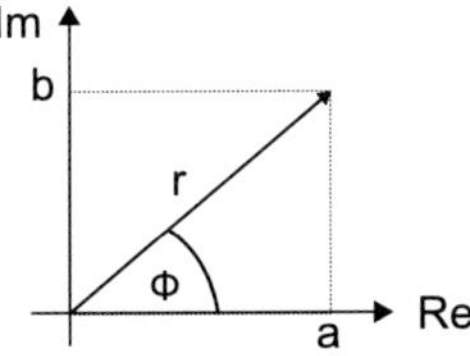

Abbildung 1.1: Grafische Darstellung einer komplexen Zahl in algebraischer Form und Exponentialform.

Die Nutzbarkeit der komplexen Zahlen für technische Anwendungen zeigt Abbildung 1.2. Trägt man die Länge eines mit der Kreisfrequenz $\omega = 2\pi f$ rotierenden komplexen Zeigers

$$\underline{y} = Ae^{j(\omega t + \phi)}$$

über einer Zeitachse auf, führt das zu einer harmonischen Schwingung

$$y(t) = A \sin(\omega t + \phi).$$

Somit sind sämtliche Wechselvorgänge, beispielsweise Wechselstrom, Wechselspannung und mechanische Schwingungen mit Hilfe komplexer Zahlen darstellbar.

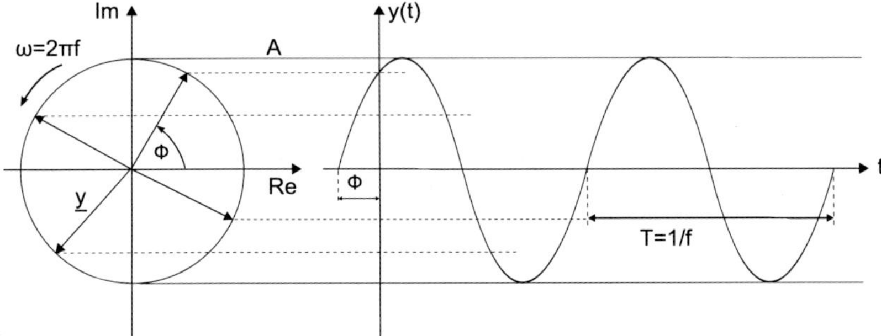

Abbildung 1.2: Das Auftragen der Länge eines rotierenden Zeigers über einer Zeitachse führt zu einer harmonischen Schwingung.

In der Regelungstechnik werden komplexe Zahlen vor allem für die Formulierung der Laplace-Variable

$$s = \sigma + j\omega$$

benutzt. Diese wiederum liefert das Argument der in Abschnitt 2.2 behandelten Übertragungsfunktion

$$G(s) = \frac{X_a(s)}{X_e(s)},$$

bzw. mit $\sigma = 0$ das Argument des in Abschnitt 2.4 behandelten Frequenzgangs

$$G(j\omega) = \frac{X_a(j\omega)}{X_e(j\omega)}.$$

1.2 Laplace-Transformation

Eine wichtige Anwendung der Laplace-Transformation ist die Überführung einer mathematisch formulierbaren Aufgabe zum Zwecke der besseren Lösbarkeit in einen Bildbereich (Abbildung 1.3).

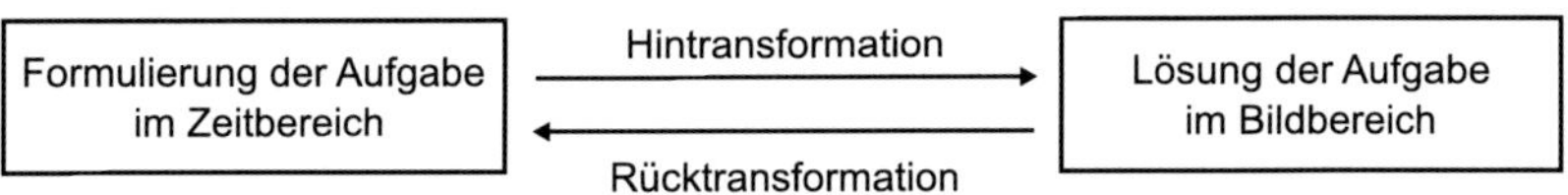

Abbildung 1.3: Zur Anwendung der Laplace-Transformation

Im Regelkreis besteht diese Aufgabe darin, eine Signalumwandlung mit den Rechenoperationen

- Addition und Subtraktion,
- Differentiation und Integration sowie
- Verschiebung

so vorzunehmen, dass die Regelgröße an die Führungsgröße angepasst wird. Die wichtigsten Signale sind:

- Impulsfunktion,
- Sprungfunktion,
- Anstiegsfunktion,
- Parabel und
- Exponentialfunktion.

Die Transformation der genannten Rechenoperationen und Signale vom Zeitbereich in den Bildbereich erfolgt durch Lösung des Laplace-Integrals

$$\mathcal{L}\{x(t)\} = \int_0^\infty x(t)\, e^{-st} \mathrm{d}t = X(s)\,.$$

Da es sich um eine überschaubare Anzahl von Rechenoperationen und Signalen handelt, sind die entsprechenden Lösungen des Laplace-Integrals tabelliert.

Tabelle 1.1 zeigt die Korrespondenzen der genannten Signale, Tabelle 1.2 die der transformierten Rechenoperationen.

Tabelle 1.1: Ausgewählte Korrespondenzen der Laplace-Transformation.

	Originalfunktion $x(t)$	Bildfunktion $X(s)$
Impulsfunktion	$\delta(t) = \begin{cases} \infty & t = 0 \\ 0 & \text{sonst} \end{cases}$	1
Sprungfunktion	$\sigma(t) = \begin{cases} 1 & t \geq 0 \\ 0 & \text{sonst} \end{cases}$	$\frac{1}{s}$
Anstiegsfunktion	t	$\frac{1}{s^2}$
Parabel	$\frac{t^2}{2}$	$\frac{1}{s^3}$
Exponentialfunktion	e^{-at}	$\frac{1}{s+a}$

Tabelle 1.2: Ausgewählte Sätze der Laplace-Transformation.

Satz	Rechenregel
Linearitätssatz	$\mathcal{L}\{a \cdot x_1(t) + b \cdot x_2(t)\} = a \cdot X_1(s) + b \cdot X_2(s)$
Differentiationssatz	$\mathcal{L}\left\{\frac{\mathrm{d}x}{\mathrm{d}t}\right\} = s \cdot X(s) - x(0)$ $\mathcal{L}\left\{\frac{\mathrm{d}^2x}{\mathrm{d}t^2}\right\} = s^2 \cdot X(s) - s \cdot x(0) - \dot{x}(0)$
Integrationssatz	$\mathcal{L}\left\{\int_0^\infty x(t)\,\mathrm{d}t\right\} = \frac{1}{s} \cdot X(s)$
Verschiebungssatz	$\mathcal{L}\{x(t-\tau)\} = X(s) \cdot e^{-s\tau}$
Faltungssatz	$\mathcal{L}\{x_1(t)\} \cdot \mathcal{L}\{x_2(t)\} = \int_0^t x_1(t-\tau) \cdot x_2(\tau)\,\mathrm{d}\tau$
Endwertsatz	$\lim_{t\to\infty} x(t) = \lim_{s\to 0} s \cdot X(s)$

1.3 Partialbruchzerlegung

Eine wichtige Methode zur Durchführung der Laplace-Rücktransformation ist die Partialbruchzerlegung. Hierbei wird die Bildfunktion in einfachere Strukturen – die Partialbrüche – zerlegt, welche sich dann in der Tabelle als Korrespondenzen wiederfinden lassen.

Der Ansatz für reelle Polstellen lautet

pro einfacher reeller Polstelle x_0:

$$\frac{A}{x - x_0},$$

pro doppelter reeller Polstelle x_0:

$$\frac{A_1}{x - x_0} + \frac{A_2}{(x - x_0)^2},$$

pro k-facher reeller Polstelle x_0:

$$\frac{A_1}{x - x_0} + \frac{A_2}{(x - x_0)^2} + \ldots + \frac{A_k}{(x - x_0)^k}.$$

Der Ansatz für konjugiert-komplexe Polstellen lautet

pro einfacher konjugiert-komplexer Polstelle eines Terms $x^2 + px + q$:

$$\frac{Bx + C}{x^2 + px + q},$$

pro doppelter konjugiert-komplexer Polstelle eines Terms $x^2 + px + q$:

$$\frac{B_1x + C_1}{x^2 + px + q} + \frac{B_2x + C_2}{(x^2 + px + q)^2},$$

pro k-facher konjugiert-komplexer Polstelle eines Terms $x^2 + px + q$:

$$\frac{B_1x + C_1}{x^2 + px + q} + \frac{B_2x + C_2}{(x^2 + px + q)^2} + \ldots + \frac{B_kx + C_k}{(x^2 + px + q)^k}.$$

Diese Ansätze gelten für echt gebrochen rationale Funktionen

$$R(x) = \frac{b_m x^m + b_{m-1} x^{m-1} + b_{m-2} x^{m-2} + \cdots + b_1 x + b_0}{a_n x^n + a_{n-1} x^{n-1} + a_{n-2} x^{n-2} + \cdots + a_1 x + a_0}, \; m < n,$$

deren Faktor a_n den Wert Eins hat. Dies ist der Faktor an der höchsten Potenz im Nenner. Man wird also im allgemeinen Fall Zähler und Nenner von $R(x)$ durch a_n dividieren.

■ Beispiel
Gegeben sei eine Funktion

$$y(x) = \frac{3x + 12}{6x^2 + 5x + 1}.$$

Die Funktion besitzt zwei reelle Polstellen $x_{01} = -1/2$, $x_{02} = -1/3$. Um den zugehörigen Ansatz zur Partialbruchzerlegung anwenden zu können, wird der Faktor an der höchsten Potenz im Nenner auf den Wert Eins gebracht.

$$\frac{3x + 12}{6x^2 + 5x + 1} = \frac{1/2x + 2}{x^2 + 5/6x + 1/6}$$

Damit lässt sich der Ansatz zur Partialbruchzerlegung wie folgt formulieren:

$$\frac{1/2x + 2}{x^2 + 5/6x + 1/6} = \frac{1/2x + 2}{(x - x_{01})(x - x_{02})} = \frac{A}{x - x_{01}} + \frac{B}{x - x_{02}}.$$

Berechnung von A und B durch Koeffizientenvergleich:

$$1/2x + 2 = A(x - x_{02}) + B(x - x_{01}) = A(x + 1/3) + B(x + 1/2)$$

$$1/2x^1 + 2x^0 = (A + B)x^1 + (1/3A + 1/2B)x^0$$

Die Lösung des Gleichungssystems

$$A + B = 1/2;\ 1/3A + 1/2B = 2$$

liefert

$$A = -10,5;\ B = 11.$$

Damit erhält man die Partialbrüche

$$y(x) = \frac{3x + 12}{6x^2 + 5x + 1} = \frac{-10,5}{x + 1/2} + \frac{11}{x + 1/3}$$

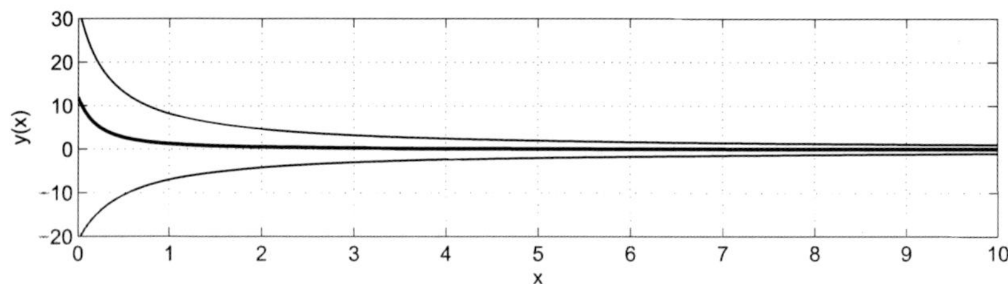

Abbildung 1.4: Grafische Darstellung der Partialbrüche (dünne Linien) und der Ausgangsfunktion (dicke Linie). Die Summe der Partialbrüche ergibt die Ausgangsfunktion.

■ Beispiel

Betrachtet man die soeben in Partialbrüche zerlegte Funktion

$$y(x) = \frac{3x + 12}{6x^2 + 5x + 1},$$

als Übertragungsfunktion (siehe Abschnitt 2.2)

$$G(s) = \frac{3s + 12}{6s^2 + 5s + 1},$$

erhält man analog die Partialbrüche:

$$\frac{3s + 12}{6s^2 + 5s + 1} = \frac{-10,5}{s + 1/2} + \frac{11}{s + 1/3}.$$

Diese Partialbrüche lassen sich mit der Korrespondenztabelle 1.1 in den Zeitbereich transformieren, und man erhält die zur Übertragungsfunktion $G(s)$ gehörige Gewichtsfunktion $g(t)$. Die Gewichtsfunktion ist die Antwort eines Systems auf ein impulsartiges Eingangssignal, und wird in Abschnitt 2.3 erklärt.

$$g(t) = \mathcal{L}^{-1}\left\{\frac{-10,5}{s + 1/2} + \frac{11}{s + 1/3}\right\}$$

$$g(t) = 11e^{-\frac{t}{3}} - 10,5e^{-\frac{t}{2}}$$

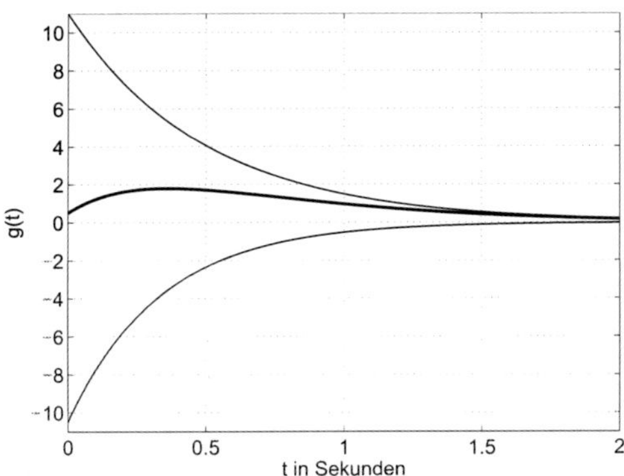

Abbildung 1.5: Grafische Darstellung der Gewichtsfunktion (dicke Linie) und der Teilfunktionen (dünne Linien). Die Summe der Partialbrüche ergibt die Gewichtsfunktion.

1.4 Matrizenrechnung

Als Matrix bezeichnet man die Anordnung von komplexen oder reellen Zahlen bzw. Funktionen, in einem rechteckigen Schema. Wir wollen uns hier auf den reellen Fall beschränken. Beispiele dafür finden sich in der Regelungstechnik bei der Anordnung der Koeffizienten des charakteristischen Polynoms im Hurwitz-Verfahren (Unterabschnitt 4.5.1), sowie bei der Bildung der Systemmatrix oder der Fundamentalmatrix, jeweils zu finden in Unterabschnitt 2.6.1.

Addition und Subtraktion

Zwei Matrizen können addiert, bzw. subtrahiert werden, wenn sie die gleiche Anzahl Zeilen und Spalten besitzen. Die Addition bzw. Subtraktion erfolgt elementweise.

■ Beispiel

$$\begin{pmatrix} 1 & 2 & 3 \\ 0 & x & 2 \\ 1 & 2 & 4 \end{pmatrix} + \begin{pmatrix} 0 & 1 & -5 \\ x & 3 & 2 \\ -5 & 7 & 4 \end{pmatrix} = \begin{pmatrix} 1 & 3 & -2 \\ x & x+3 & 4 \\ -4 & 9 & 8 \end{pmatrix}$$

■ Beispiel

$$\begin{pmatrix} 1 & 2 & 3 \\ 0 & x & 2 \end{pmatrix} - \begin{pmatrix} 0 & 1 & -5 \\ x & 3 & 2 \end{pmatrix} = \begin{pmatrix} 1 & 1 & 8 \\ -x & x-3 & 0 \end{pmatrix}$$

Multiplikation

Zwei Matrizen können multipliziert werden, wenn die Anzahl der Spalten der ersten Matrix, der Anzahl der Zeilen der zweiten Matrix entspricht. Die Multiplikation zweier Matrizen

$$\mathbf{A} = \begin{pmatrix} a_{11} & a_{12} & a_{13} \\ a_{21} & a_{22} & a_{23} \end{pmatrix}, \ \mathbf{B} = \begin{pmatrix} b_{11} & b_{12} \\ b_{21} & b_{22} \\ b_{31} & b_{32} \end{pmatrix}$$

erfolgt dann nach dem Falk-Schema:

$$\begin{array}{cc} & \begin{pmatrix} b_{11} & b_{12} \\ b_{21} & b_{22} \\ b_{31} & b_{32} \end{pmatrix} \\ \begin{pmatrix} a_{11} & a_{12} & a_{13} \\ a_{21} & a_{22} & a_{23} \end{pmatrix} & \begin{pmatrix} a_{11}b_{11} + a_{12}b_{21} + a_{13}b_{31} & a_{11}b_{12} + a_{12}b_{22} + a_{13}b_{32} \\ a_{21}b_{11} + a_{22}b_{21} + a_{23}b_{31} & a_{21}b_{12} + a_{22}b_{22} + a_{23}b_{32} \end{pmatrix}. \end{array}$$

■ Beispiel

$$\begin{pmatrix} 9 & 8 & 7 \\ 6 & 5 & 4 \end{pmatrix} \cdot \begin{pmatrix} 1 & 2 \\ 3 & 4 \\ 5 & 6 \end{pmatrix} = \begin{pmatrix} 68 & 92 \\ 41 & 56 \end{pmatrix}$$

■ Beispiel

$$\begin{pmatrix} 1 & 2 \\ 4 & 5 \end{pmatrix} \cdot \begin{pmatrix} -5/3 & 2/3 \\ 4/3 & -1/3 \end{pmatrix} = \begin{pmatrix} 1 & 0 \\ 0 & 1 \end{pmatrix}$$

Determinante einer Matrix

Eine Determinante ist eine reelle Zahl, die ausschließlich für quadratischen Matritzen berechnet werden kann. Ist die Determinante ungleich Null, dann ist die zugehörige Matrix invertierbar. Man spricht in diesem Fall von einer *regulären* Matrix. Nimmt die Determinante den Wert Null an, dann ist die zugehörige Matrix nicht invertierbar und man spricht von einer *singulären* Matrix.

Für 2×2-Matrizen rechnet man

$$\det \begin{pmatrix} a_{11} & a_{12} \\ a_{21} & a_{22} \end{pmatrix} = a_{11}a_{22} - a_{21}a_{12}.$$

■ Beispiel

$$\det \begin{pmatrix} 2x & x-2 \\ 3 & x \end{pmatrix} = 2x^2 - 3\,(x-2) = 2x^2 - 3x + 6.$$

Für 3×3-Matrizen rechnet man nach der Regel von *Sarrus*

$$\det \begin{pmatrix} a_{11} & a_{12} & a_{13} \\ a_{21} & a_{22} & a_{23} \\ a_{31} & a_{32} & a_{33} \end{pmatrix} = a_{11}a_{22}a_{33} + a_{12}a_{23}a_{31} + a_{13}a_{21}a_{32}$$
$$-a_{13}a_{22}a_{31} - a_{11}a_{23}a_{32} - a_{12}a_{21}a_{33}.$$

■ Beispiel

$$\det \begin{pmatrix} 1 & 1 & 2 \\ 2 & 2 & 1 \\ 2 & 3 & 4 \end{pmatrix} = 8 + 2 + 12 - 8 - 3 - 8 = 3.$$

Die Determinante einer quadratischen $n \times n$ Matrix beliebiger Dimension berechnet man mit dem *Laplaceschen Entwicklungssatz*

$$\det \mathbf{A} = \sum_{j=1}^{n} a_{ij}\,(-1)^{i+j} \cdot D_{ij}.$$

Hierbei ist a_{ij} das Element der i–ten Zeile und j–ten Spalte der Matrix $\mathbf{A}$. Der Wert D_{ij} ist der Wert der Unterdeterminante der Matrix, die durch Streichung der i–ten Zeile und j–ten Spalte entsteht. Die Entwicklung erfolgt nach einer beliebigen Zeile *oder* Spalte der Matrix. Vorteilhaft ist die Verwendung einer Zeile oder Spalte, welche Nullen enthält.

■ Beispiel
Entwicklung nach der vierten Zeile.

$$\det\begin{pmatrix} 1 & 1 & 2 & 1 & 1 \\ 2 & 2 & 1 & 2 & 3 \\ 2 & 3 & 1 & 2 & 1 \\ 1 & 0 & 0 & 0 & 4 \\ 2 & 2 & 1 & 1 & 1 \end{pmatrix} =$$

$$1 \cdot (-1)^{4+1} \cdot \det\begin{pmatrix} 1 & 2 & 1 & 1 \\ 2 & 1 & 2 & 3 \\ 3 & 1 & 2 & 1 \\ 2 & 1 & 1 & 1 \end{pmatrix} + 4 \cdot (-1)^{4+5} \cdot \det\begin{pmatrix} 1 & 1 & 2 & 1 \\ 2 & 2 & 1 & 2 \\ 2 & 3 & 1 & 2 \\ 2 & 2 & 1 & 1 \end{pmatrix} =$$

$$\underbrace{-\det\begin{pmatrix} 1 & 2 & 1 & 1 \\ 2 & 1 & 2 & 3 \\ 3 & 1 & 2 & 1 \\ 2 & 1 & 1 & 1 \end{pmatrix}}_{5} \underbrace{-4\det\begin{pmatrix} 1 & 1 & 2 & 1 \\ 2 & 2 & 1 & 2 \\ 2 & 3 & 1 & 2 \\ 2 & 2 & 1 & 1 \end{pmatrix}}_{-3} = 7$$

Hierbei werden die Werte 5 und -3 der Unterdeterminanten ebenfalls nach dem Entwicklungssatz berechnet. Dies kann als Übungsaufgabe nachvollzogen werden.

Transponierte Matrix

Die Transponierte einer Matrix entsteht durch das Tauschen der Zeilen- und Spalten dieser Matrix.
■ Beispiel

$$\begin{pmatrix} 1 & 2 & 3 \\ 4 & 5 & 6 \end{pmatrix}^T = \begin{pmatrix} 1 & 4 \\ 2 & 5 \\ 3 & 6 \end{pmatrix}$$

Inversion einer Matrix

Die Lösung eines linearen Gleichungssystems

$$\underbrace{\begin{pmatrix} 1 & 1 & 2 \\ 2 & 2 & 1 \\ 2 & 3 & 4 \end{pmatrix}}_{\mathbf{A}} \cdot \underbrace{\begin{pmatrix} x_1 \\ x_2 \\ x_3 \end{pmatrix}}_{\mathbf{x}} = \underbrace{\begin{pmatrix} 2 \\ 3 \\ 1 \end{pmatrix}}_{\mathbf{b}}$$

führt zum Begriff der inversen Matrix, da die Lösung der Aufgabe durch Umstellen nach dem gesuchten Vektor $\mathbf{x}$ erfolgt, eine Matrizendivision aber nicht erklärt ist. Man schreibt dann

$$\mathbf{x} = \mathbf{A}^{-1} \cdot \mathbf{b}$$

und meint mit $\mathbf{A}^{-1}$ die inverse Matrix. Diese existiert nur, wenn die Determinante dieser Matrix ungleich Null ist. Man spricht in diesem Fall von einer regulären-, sonst von einer singulären Matrix.

■ Beispiel
Zur Lösung obigen Gleichungssystems soll die Matrix $\mathbf{A}$ invertiert werden. Wie unter *Determinante einer Matrix* bereits berechnet wurde , ist $\mathbf{A}$ regulär, denn es gilt $\det \mathbf{A} = 3$. Die inverse Matrix von $\mathbf{A}$ berechnet sich nach der Rechenvorschrift

$$\mathbf{A}^{-1} = \frac{1}{\det \mathbf{A}} \cdot \begin{pmatrix} A_{11} & A_{12} & A_{13} \\ A_{21} & A_{22} & A_{23} \\ A_{31} & A_{32} & A_{33} \end{pmatrix}^T .$$

Hierbei sind die A_{ij} das Produkt aus $(-1)^{i+j}$ und der Unterdeterminante D_{ij} von $\mathbf{A}$, die durch das Streichen der $i-$ten Zeile und der $j-$ten Spalte von $\mathbf{A}$ entsteht.

$$\mathbf{A}^{-1} = \frac{1}{\det \mathbf{A}} \cdot \begin{pmatrix} (-1)^{1+1} \cdot D_{11} & (-1)^{1+2} \cdot D_{12} & (-1)^{1+3} \cdot D_{13} \\ (-1)^{2+1} \cdot D_{12} & (-1)^{2+2} \cdot D_{22} & (-1)^{2+3} \cdot D_{23} \\ (-1)^{3+1} \cdot D_{31} & (-1)^{3+2} \cdot D_{32} & (-1)^{3+3} \cdot D_{33} \end{pmatrix}^T .$$

$$\mathbf{A}^{-1} = \frac{1}{3} \cdot \begin{pmatrix} +D_{11} & -D_{12} & +D_{13} \\ -D_{21} & +D_{22} & -D_{23} \\ +D_{31} & -D_{32} & +D_{33} \end{pmatrix}^T = \frac{1}{3} \cdot \begin{pmatrix} +5 & -6 & +2 \\ -(-2) & +0 & -1 \\ -3 & -(-3) & +0 \end{pmatrix}^T .$$

$$\mathbf{A}^{-1} = \begin{pmatrix} 5/3 & -2 & 2/3 \\ 2/3 & 0 & -1/3 \\ -1 & +1 & 0 \end{pmatrix}^T = \begin{pmatrix} 5/3 & 2/3 & -1 \\ -2 & 0 & 1 \\ 2/3 & -1/3 & 0 \end{pmatrix} .$$

Diese Rechenvorschrift heißt *Laplacescher Entwicklungssatz* und funktioniert für jede reguläre quadratischen Matrix.

Die Einheitsmatrix

Eine Einheitsmatrix ist immer eine quadratische Matrix, und hat das Aussehen

$$\mathbf{I} = \begin{pmatrix} 1 & 0 & 0 \\ 0 & 1 & 0 \\ 0 & 0 & 1 \end{pmatrix} .$$

Die Einheitsmatrix entsteht durch

$$\mathbf{I} = \mathbf{A}^{-1} \cdot \mathbf{A} = \mathbf{A} \cdot \mathbf{A}^{-1} .$$

■ Beispiel

$$\begin{pmatrix} 1 & 0 & 0 & 0 \\ 0 & 1 & 0 & 0 \\ 0 & 0 & 1 & 0 \\ 0 & 0 & 0 & 1 \end{pmatrix} = \begin{pmatrix} -0,5 & 0 & -0,5 & 1,5 \\ 0,75 & -0,5 & 0,25 & -0,25 \\ 0,5 & 0 & 1,5 & -2,5 \\ -0,25 & 0,5 & -0,75 & 0,75 \end{pmatrix} \cdot \begin{pmatrix} 1 & 2 & 1 & 2 \\ 2 & 1 & 2 & 3 \\ 3 & 1 & 2 & 1 \\ 2 & 1 & 1 & 1 \end{pmatrix}$$

2 Allgemeine Modelle linearer Regelstrecken

Wenn im Folgenden von Modellen linearer Regelstrecken gesprochen wird, dann sind E/A-Modelle gemeint. Dies sind Modelle, welche die Umwandlung einer Eingangsgröße in eine Ausgangsgröße durch das System gemäß Abbildung 2.1 mathematisch beschreiben. Der Begriff E/A-Modell stellt eine Abgrenzung, beispielsweise gegen die in Abschnitt 2.6 behandelten Zustandsraummodelle, dar.

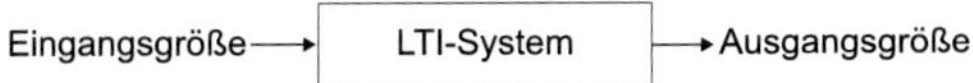

Abbildung 2.1: Allgemeines Strukturbild eines LTI-Systems.

Modelle von Regelstrecken finden Anwendung für den in Abschnitt 4.3 behandelten Reglerentwurf, und die Simulation der Regelung. Modelle haben den Vorteil, dass die Regelung nicht von vornherein am realen System erprobt werden muss. Wichtig in dem Zusammenhang ist, die für die Anwendung hinreichende Genauigkeit des Modells einschätzen zu können.

Die im Weiteren behandelten Methoden gelten für lineare, zeitinvariante Regelstrecken. Da auch andere lineare, zeitinvariante Übertragungssysteme so beschrieben werden können, spricht man allgemein von LTI-Systemen (linear, time invariant). Die Eigenschaften dieser Systeme lassen sich wie folgt definieren:

Linearität: Bestimmt man zu n Eingangssignalen, n Ausgangssignale und entspricht die Summe der n Ausgangssignale der Antwort des Systems auf die Summe der n Eingangssignale, so ist das System linear.

Zeitinvarianz: Ein System besitzt die Eigenschaft der Zeitinvarianz, wenn sich seine Eigenschaften, und somit seine Parameter, mit der Zeit nicht ändern.

Da beide Eigenschaften in der Praxis oft nur näherungsweise erfüllt sind, ist es wichtig, diese Eigenschaften für eine konkrete regelungstechnische Aufgabe sicher beurteilen zu können.

Ein Modell im vorliegenden Kontext besteht aus Struktur und Parametern.

Dabei versteht man unter der Struktur den Aufbau der mathematischen Gleichung, beispielsweise der in Abschnitt 2.1 behandelten Differentialgleichung, oder der in Abschnitt 2.2 behandelten Übertragungsfunktion. Parameter sind die Koeffizienten der genannten Gleichungen.

2.1 Differentialgleichung

Zur Verknüpfung von Eingangs- und Ausgangssignal im Zeitbereich, verwendet man Differentialgleichungen. Diese enthalten im allgemeinen Fall beliebige Grade der Ableitungen von Ein- und Ausgangsgröße:

$$a_n \frac{\mathrm{d}^n}{\mathrm{d}t^n} x_a(t) + a_{n-1} \frac{\mathrm{d}^{n-1}}{\mathrm{d}t^{n-1}} x_a(t) + \ldots + a_1 \frac{\mathrm{d}}{\mathrm{d}t} x_a(t) + a_0 x_a(t) =$$
$$b_m \frac{\mathrm{d}^m}{\mathrm{d}t^m} x_e(t) + b_{m-1} \frac{\mathrm{d}^{m-1}}{\mathrm{d}t^{m-1}} x_e(t) + \ldots + b_1 \frac{\mathrm{d}}{\mathrm{d}t} x_e(t) + b_0 x_e(t) .$$

Die Ableitungen bilden die Änderungen von Eingangs- und Ausgangsgröße nach. Die Stärke der Wirkung der einzelnen Ableitungen wird durch Wichtungsfaktoren a_i und b_j bestimmt. Dies sind reelle Zahlen. Sie werden aus den Systemparametern ermittelt, wodurch aus der gezeigten allgemeinen Differentialgleichung die Differentialgleichung eines konkreten Systems entsteht.

Beispiele dafür zeigt Tabelle 2.1. Hier sind die Differentialgleichungen wichtiger Grundübertragungsglieder der Regelungstechnik zusammengefasst.

Tabelle 2.1: Differentialgleichungen ausgewählter Übertragungsglieder.

P-Glied	$x_a(t) = k x_e(t)$
PT_1-Glied	$T \dot{x}_a(t) + x_a(t) = k x_e(t)$
PT_2-Glied	$T^2 \ddot{x}_a(t) + 2DT \dot{x}_a(t) + x_a(t) = k x_e(t)$
D-Glied	$x_a(t) = T_D \dot{x}_e(t)$
I-Glied	$T_I \dot{x}_a(t) = x_e(t)$

Für die technische Realisierung gilt, dass der höchste Grad der Ableitung der Ausgangsgröße der Anzahl der im System vorhandenen Energiespeicher entspricht. Systeme mit P-, oder D-Verhalten besitzen somit keinen Energiespeicher, Systeme mit PT_1- und I-Verhalten jeweils einen Energiespeicher, und ein System mit PT_2-Verhalten, zwei Energiespeicher.

Um mittels einer Differentialgleichung technisch realisierbare Systeme zu beschreiben, ist außerdem zu beachten, dass die Grade der Ableitungen von Eingangs- und Ausgangssignal nicht beliebig sein dürfen, denn es gilt:

$m < n$,	System ist nicht sprungfähig,	$x_a(t)$ reagiert verzögert auf $x_e(t)$,
$m = n$,	System ist sprungfähig,	$x_a(t)$ reagiert sofort auf $x_e(t)$,
$m > n$,	System ist nicht realisierbar,	$x_a(t)$ reagiert vor $x_e(t)$.

2.2 Übertragungsfunktion

Die Übertragungsfunktion ist durch $G(s) = \dfrac{X_a(s)}{X_e(s)}$ definiert.

Eine allgemeingültige Form der Übertragungsfunktion lässt sich aus der in Abschnitt 2.1 eingeführten Differentialgleichung

$$a_n \frac{\mathrm{d}^n}{\mathrm{d}t^n} x_a(t) + a_{n-1} \frac{\mathrm{d}^{n-1}}{\mathrm{d}t^{n-1}} x_a(t) + \ldots + a_1 \frac{\mathrm{d}}{\mathrm{d}t} x_a(t) + a_0 x_a(t) =$$
$$b_m \frac{\mathrm{d}^m}{\mathrm{d}t^m} x_e(t) + b_{m-1} \frac{\mathrm{d}^{m-1}}{\mathrm{d}t^{m-1}} x_e(t) + \ldots + b_1 \frac{\mathrm{d}}{\mathrm{d}t} x_e(t) + b_0 x_e(t)$$

herleiten. Diese liefert eine mathematische Beschreibung des Übertragungsverhaltens im Zeitbereich. Um eine gleichwertige Beschreibung im Bildbereich der Laplace-Transformation zu erhalten, wird diese Differentialgleichung mit Hilfe des Differentiationssatzes (siehe Tabelle 1.2) transformiert, und man erhält

$$a_n X_a(s) s^n + a_{n-1} X_a(s) s^{n-1} + \ldots + a_1 X_a(s) s + a_0 X_a(s) =$$
$$b_m X_e(s) s^m + b_{m-1} X_e(s) s^{m-1} + \ldots + b_1 X_e(s) s + b_0 X_e(s).$$

Hierbei ist die Annahme gerechtfertigt, dass alle Anfangswerte den Wert Null haben, denn deren Bedeutung besteht darin, die Ladungszustände der Energiespeicher des Systems nachzubilden. Würde man davon abweichen, erhielte man für jeden Ladezustand eine andere Übertragungsfunktion, was keine allgemein gültige Beschreibung mehr wäre.

Um die Definitionsgleichung

$$G(s) = \frac{X_a(s)}{X_e(s)}$$

der Übertragungsfunktion anwenden zu können, werden $X_a(s)$ und $X_e(s)$ ausgeklammert

$$X_a(s)\left(a_n s^n + a_{n-1} s^{n-1} + \ldots + a_1 s + a_0\right) =$$
$$X_e(s)\left(b_m s^m + b_{m-1} s^{m-1} + \ldots + b_1 s + b_0\right),$$

und durch Bildung des Quotienten

$$\frac{X_a(s)}{X_e(s)} = \frac{b_m s^m + b_{m-1} s^{m-1} + \ldots + b_1 s + b_0}{a_n s^n + a_{n-1} s^{n-1} + \ldots + a_1 s + a_0}$$

erhält man eine allgemeingültige Form der Übertragungsfunktion:

$$G(s) = \frac{b_m s^m + b_{m-1} s^{m-1} + \ldots + b_1 s + b_0}{a_n s^n + a_{n-1} s^{n-1} + \ldots + a_1 s + a_0}.$$

In Analogie zur Differentialgleichung erhält man durch geeignete Wahl der Koeffizienten a_i und b_j spezielle Übertragungsfunktionen. Tabelle 2.2 zeigt eine Auswahl.

Tabelle 2.2: Übertragungsfunktionen ausgewählter Übertragungsglieder.

P-Glied	k
PT_1-Glied	$\dfrac{k}{1+sT}$
PT_2-Glied	$\dfrac{k}{T^2s^2+2DTs+1}$
D-Glied	sT_D
I-Glied	$\dfrac{1}{sT_I}$

Die Übertragungsfunktion ist eine gebrochen rationale Funktion, für deren Verhältnis von Zähler- und Nennergrad in Analogie zur Differentialgleichung wiederum gilt:

$m < n$,	System ist nicht sprungfähig,	$x_a(t)$ reagiert verzögert auf $x_e(t)$,
$m = n$,	System ist sprungfähig,	$x_a(t)$ reagiert sofort auf $x_e(t)$,
$m > n$,	System ist nicht realisierbar,	$x_a(t)$ reagiert vor $x_e(t)$.

Auch für die technische Realisierung gibt es eine Parallele zur Differentialgleichung: Der Grad des Nennerpolynoms entspricht der Anzahl, der im System vorhandenen Energiespeicher. Systeme mit P-, oder das D-Verhalten besitzen somit keinen Energiespeicher, Systeme mit PT_1- oder I-Verhalten jeweils einen Energiespeicher, und ein System mit PT_2-Verhalten, zwei Energiespeicher.

Außerdem lassen sich aus der Übertragungsfunktion Aussagen zur Stabilität und Schwingungsfähigkeit des Systems ableiten:

Haben **alle** Nullstellen des Nennerpolynoms

$$a_n s^n + a_{n-1} s^{n-1} + \ldots + a_1 s + a_0$$

von $G(s)$ einen negativen Realteil, dann beschreibt $G(s)$ eine stabiles Übertragungssystem.

Besitzt das Nennerpolynom

$$a_n s^n + a_{n-1} s^{n-1} + \ldots + a_1 s + a_0$$

von $G(s)$ wenigstens eine konjugiert-komplexe Polstelle, dann beschreibt $G(s)$ ein schwingungsfähiges Übertragungssystem.

2.3 Übergangsfunktion und Gewichtsfunktion

Um Systeme anhand ihres Übertragungsverhaltens zu klassifizieren, werden Eingangssignale verwendet, deren Systemreaktionen anschaulich interpretiert werden können. Solche Eingangssignale bezeichnet man als Testsignale. Die wichtigsten Testsignale sind die Sprungfunktion und die Impulsfunktion.

Sprungfunktion und Sprungantwort

Die Sprungfunktion beschreibt die plötzliche, dauerhafte Änderung einer Eingangsgröße, wie sie beim Ein- oder Ausschalten auftreten kann.

Dies lässt sich durch einen Einheitssprung

$$\sigma(t) = \begin{cases} 1 & \text{für } t \geqslant 0 \\ 0 & \text{sonst} \end{cases}$$

nachbilden. Ein Eingangssignal mit beliebiger Sprunghöhe $\hat{x}_e$ ergibt sich somit aus

$$x_e(t) = \hat{x}_e \cdot \sigma(t).$$

Bezieht man die Ausgangsgröße auf die Sprunghöhe des Eingangssignals, erhält man die Übergangsfunktion

$$h(t) = \frac{1}{\hat{x}_e} \cdot x_a(t).$$

Die Berechnung der Übergangsfunktion aus der Übertragungsfunktion erfolgt durch

$$h(t) = \mathcal{L}^{-1}\left\{\frac{G(s)}{s}\right\}.$$

■ Beispiel
Berechnet werden soll die Übergangsfunktion für ein PT_1-Glied mit der Übertragungsfunktion

$$G(s) = \frac{k}{1+sT}.$$

Der Ansatz lautet

$$h(t) = \mathcal{L}^{-1}\left\{\frac{k}{(1+sT)\,s}\right\}.$$

Der Nenner besitzt zwei einfache reelle Polstellen. Diese liegen bei $s_{01} = -1/T$ und $s_{02} = 0$. Zur Vereinfachung wird außerdem $s_{01} = -1/T = -T'$ vereinbart.

Um den Ansatz zur Partialbruchzerlegung verwenden zu können, muss der Faktor an der höchsten Potenz im Nenner den Wert Eins bekommen:

$$\frac{k}{(1+sT)\,s} = \frac{k/T}{(1/T+s)\,s} = \frac{kT'}{(T'+s)\,s}.$$

Damit lautet der Ansatz für die Partialbruchzerlegung

$$\frac{kT'}{(T'+s)\,s} = \frac{A}{s-s_{01}} + \frac{B}{s-s_{02}} = \frac{A}{s+T'} + \frac{B}{s}.$$

$$kT' = As + B\left(s+T'\right) = (A+B)\,s + BT'$$

Durch Koeffizientenvergleich

$$0\cdot s^1 + kT'\cdot s^0 = (A+B)\cdot s^1 + BT'\cdot s^0$$

ergeben sich zwei Gleichungen zur Bestimmung von A und B. Aus

$$kT' = BT' \text{ folgt } B = k$$

und aus

$$0 = A + B, \quad \text{folgt } A = -B = -k.$$

Einsetzen von A und B in den Ansatz führt auf

$$\frac{k}{(1+sT)\,s} = \frac{-k}{s+T'} + \frac{k}{s}.$$

$$h(t) = \mathcal{L}^{-1}\left\{\frac{k}{(1+sT)\,s}\right\} = \mathcal{L}^{-1}\left\{\frac{k}{s} - \frac{k}{s+T'}\right\}$$

Die Partialbrüche lassen sich mit Hilfe der Korrespondenztabelle 1.1 rücktransformieren, und mit $T' = 1/T$ erhält man als Ergebnis

$$h(t) = k\sigma(t) - ke^{-t/T} = k\left(\sigma(t) - e^{-t/T}\right).$$

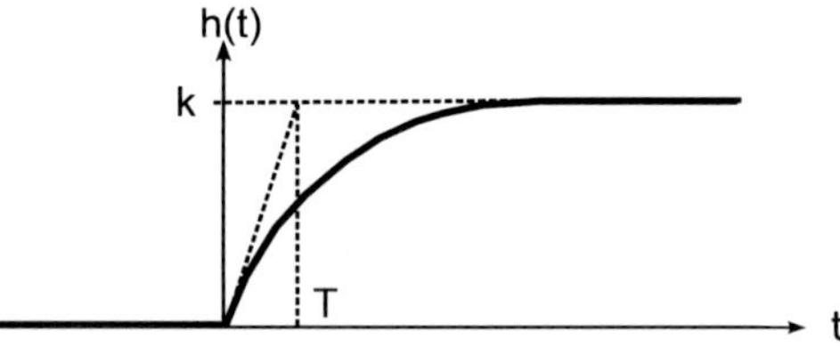

Abbildung 2.2: Prinzipieller Verlauf der Übergangsfunktion des Rechenbeispiels.

Impulsfunktion und Impulsantwort

Die Impulsfunktion beschreibt die plötzliche, kurzzeitige Änderung einer Eingangsgröße, wie sie beispielsweise durch Spannungsspitzen in einem elektrischen Netzwerk auftreten kann.

Für die mathematische Formulierung geht man von einem Signal mit der Form eines schmalen hohen Rechtecks aus:

$$r_\varepsilon(t) = \begin{cases} \frac{1}{\varepsilon} & \text{für } 0 \leqslant t \leqslant \varepsilon \\ 0 & \text{sonst} \end{cases} .$$

Durch Grenzwertbildung

$$\delta(t) = \lim_{\varepsilon \to 0} r_\varepsilon(t)$$

erhält man die Impulsfunktion

$$\delta(t) = \begin{cases} \infty & \text{für } t = 0 \\ 0 & \text{sonst} \end{cases} .$$

Eine wichtige Eigenschaft der Impulsfunktion ist

$$\int_{-\infty}^{\infty} \delta(t)\,\mathrm{d}t = 1.$$

Die Systemantwort auf die Impulsfunktion bezeichnet man als Gewichtsfunktion $g(t)$, da sie die Gewichte des Faltungsintegrals für die Berechnung der Systemantwort auf ein *beliebiges* Eingangssignal liefert. Die Berechnung der Impulsantwort aus der Übertragungsfunktion erfolgt durch

$$g(t) = \mathcal{L}^{-1}\{G(s)\}.$$

■ Beispiel

Berechnet werden soll die Gewichtsfunktion für ein PT_2-Glied mit der Übertragungsfunktion

$$G(s) = \frac{k}{(1 + sT_1)(1 + sT_2)}.$$

Der Ansatz lautet

$$g(t) = \mathcal{L}^{-1}\left\{\frac{k}{(1 + sT_1)(1 + sT_2)}\right\}.$$

Um für die Rücktransformation den Ansatz der Partialbruchzerlegung anwenden zu können, wird die Übertragungsfunktion so umgeformt, dass der Faktor an der höchsten Potenz des Nennerpolynoms gleich Eins ist.

Mit den Abkürzungen $K = k/(T_1T_2)$, $T_1' = 1/T_1$ und $T_2' = 1/T_2$ erhält man eine übersichtliche Darstellung der umgeformten Gleichung:

$$\frac{k}{(1 + sT_1)(1 + sT_2)} = \frac{k/(T_1T_2)}{(1/T_1 + s)(1/T_2 + s)} = \frac{K}{(T_1' + s)(T_2' + s)}.$$

Die Übertragungsfunktion besitzt zwei einfache reelle Polstellen bei $s_{01} = -T_1'$ und $s_{02} = -T_2'$. Damit lautet der Ansatz für die Partialbruchzerlegung

$$\frac{K}{\left(T_1' + s\right)\left(T_2' + s\right)} = \frac{A}{s - s_{01}} + \frac{B}{s - s_{02}} = \frac{A}{s + T_1'} + \frac{B}{s + T_2'}.$$

$$K = A\left(s + T_2'\right) + B\left(s + T_1'\right) = (A + B)\,s + \left(AT_2' + BT_1'\right)$$

Durch Koeffizientenvergleich

$$0 \cdot s^1 + K \cdot s^0 = (A + B) \cdot s^1 + \left(AT_2' + BT_1'\right) \cdot s^0$$

ergeben sich zwei Gleichungen zur Bestimmung von A und B:

$$K = AT_2' + BT_1' \text{ und } 0 = A + B \text{ bzw. } A = -B.$$

Damit erhält man

$$K = AT_2' - AT_1' \quad \text{also } A = \frac{K}{T_2' - T_1'} \quad \text{und } B = \frac{K}{T_1' - T_2'}.$$

Einsetzen von A und B in den Ansatz führt auf

$$\frac{K}{\left(T_1' + s\right)\left(T_2' + s\right)} = \frac{K}{T_2' - T_1'}\frac{1}{s + T_1'} + \frac{K}{T_1' - T_2'}\frac{1}{s + T_2'},$$

$$g\left(t\right) = \mathcal{L}^{-1}\left\{\frac{k}{\left(1 + sT_1\right)\left(1 + sT_2\right)}\right\} = \mathcal{L}^{-1}\left\{\frac{K}{T_2' - T_1'}\frac{1}{s + T_1'} + \frac{K}{T_1' - T_2'}\frac{1}{s + T_2'}\right\}.$$

Die Partialbrüche lassen sich mit Hilfe der Korrespondenztabelle 1.1 rücktransformieren. Mit

$$K = k/\left(T_1 T_2\right)$$

sowie

$$T_1' = 1/T_1, \text{ und } T_2' = 1/T_2$$

erhält man als Ergebnis

$$g\left(t\right) = \frac{k}{T_1 - T_2}e^{-t/T_1} + \frac{k}{T_2 - T_1}e^{-t/T_2} = \frac{k}{T_1 - T_2}\left(e^{-t/T_1} - e^{-t/T_2}\right).$$

Abschließend sei erwähnt, dass sich die Gewichtsfunktion und die Übergangsfunktion durch den Zusammenhang

$$h\left(t\right) = \int g\left(t\right)\mathrm{d}t, \text{ bzw. } g\left(t\right) = \frac{\mathrm{d}}{\mathrm{d}t}h\left(t\right)$$

im Zeitbereich ineinander überführen lassen.

2.4 Frequenzgang

Der Frequenzgang beschreibt das Übertragungsverhalten von LTI-Systemen für sinusförmige Eingangssignale.

Wie Abbildung 2.3 zeigt, kann hierbei am Ausgang des Systems eine Dämpfung oder Verstärkung sowie eine Phasenverschiebung auftreten. Die Frequenz des Eingangssignals wird durch ein lineares System nicht verändert.

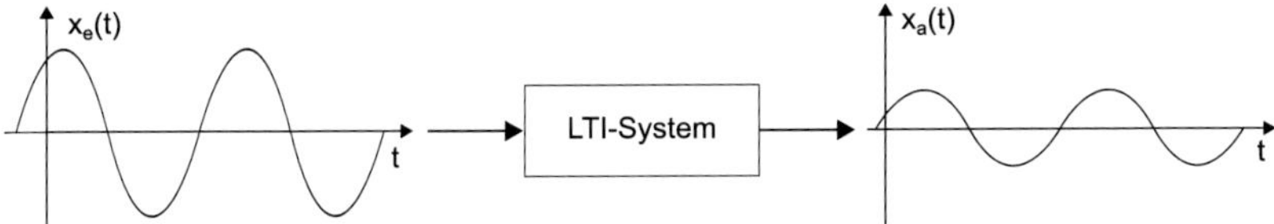

Abbildung 2.3: Prinzipskizze zum Frequenzgang.

Man erhält den Frequenzgang aus der in Abschnitt 2.2 eingeführten Übertragungsfunktion

$$G(s) = \frac{X_a(s)}{X_e(s)}, \quad s = \sigma + j\omega$$

dadurch, dass man den Realteil der komplexen Variable gleich Null setzt, wodurch aus s, $j\omega$ wird. Damit ist der Frequenzgang eines LTI-Systems wie folgt definiert:

$$G(j\omega) = \frac{X_a(j\omega)}{X_e(j\omega)}, \quad 0 \leq \omega \leq +\infty.$$

Da es sich bei $X_e\,(j\omega)$ um eine komplexe Größe handelt, lässt sich diese als komplexe Zahl in Exponentialform darstellen:

$$|X_e\,(j\omega)\,|e^{j\,\arg(X_e(j\omega))}.$$

In Abschnitt 1.1 wurde gezeigt, dass die Exponentialform eine Beziehung zwischen komplexen Zahlen und der harmonischen Schwingung herstellt. Hierbei entsprach der Betrag komplexen Zahl der Amplitude der Schwingung, und das Argument der komplexen Zahl der Phasenverschiebung der Schwingung.

Damit lässt sich $X_e(j\omega)$ als harmonische Schwingung

$$x_e\,(t) = \hat{x}_e \sin\left(\omega t + \varphi_e\right)$$

mit der Amplitude

$$\hat{x}_e = |X_e\,(j\omega)\,|$$

und der Phasenverschiebung

$$\varphi_e = \arg\left(X_e\,(j\omega)\right)$$

darstellen.

Abbildung 2.4 zeigt den prinzipiellen Verlauf der Eingangsgröße $x_e(t)$.

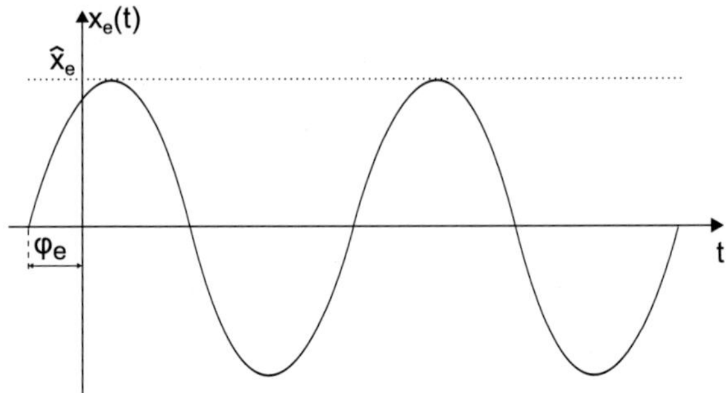

Abbildung 2.4: Prinzipielle Darstellung von $x_e(t)$.

Genauso erhält man für

$$X_a(j\omega) = |X_a(j\omega)|e^{j\arg(X_a(j\omega))}$$

eine harmonische Schwingung

$$x_a(t) = \hat{x}_a \sin(\omega t + \varphi_a)$$

mit der Amplitude

$$\hat{x}_a = |X_a(j\omega)|$$

und der Phasenverschiebung

$$\varphi_a = \arg(X_a(j\omega)).$$

Abbildung 2.5 zeigt den prinzipiellen Verlauf einer gedämpften und phasenverschobenen Ausgangsgröße $x_a(t)$.

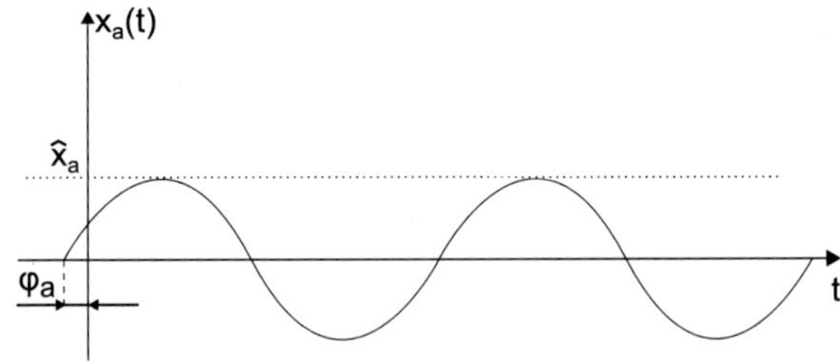

Abbildung 2.5: Prinzipielle Darstellung von $x_a(t)$

Durch die Darstellung der komplexen Eingangs- und Ausgangsgröße des Frequenzgangs als harmonische Schwingungen erkennt man, dass der Frequenzgang die Übertragung von Schwingungen mit der Kreisfrequenz $0 \leq \omega \leq +\infty$ durch ein LTI-System beschreibt. Hierbei können sich Amplitude und Phase ändern, die Kreisfrequenz ω ändert sich jedoch nicht, wenn die Übertragung durch ein lineares System erfolgt. Schreibt man $G(j\omega)$ ebenfalls in Exponentialschreibweise, und setzt obige Beziehungen ein, dann erhält man:

$$|G(j\omega)|e^{j\arg(G(j\omega))} = \frac{|X_a(j\omega)|e^{j\arg(X_a(j\omega))}}{|X_e(j\omega)|e^{j\arg(X_e(j\omega))}} = \frac{\hat{x}_a}{\hat{x}_e}\frac{e^{j\varphi_a}}{e^{j\varphi_e}} = \frac{\hat{x}_a}{\hat{x}_e}e^{j(\varphi_a-\varphi_e)}.$$

Diese Darstellung liefert drei wichtige Erkenntnisse:

1. Der Betrag des Frequenzgangs berechnet sich aus dem Verhältnis von Ausgangs- zu Eingangsamplitude, denn

$$|G(j\omega)| = \frac{\hat{x}_a}{\hat{x}_e}.$$

2. Das Argument des Frequenzgangs berechnet sich aus der Phasenverschiebung zwischen Ausgangs- und Eingangssignal, denn

$$e^{j\arg(G(j\omega))} = e^{j(\varphi_a-\varphi_e)}.$$

3. Der Frequenzgang lässt sich gemäß Abbildung 2.6 durch Messung von Amplitude und Phase experimentell bestimmen.

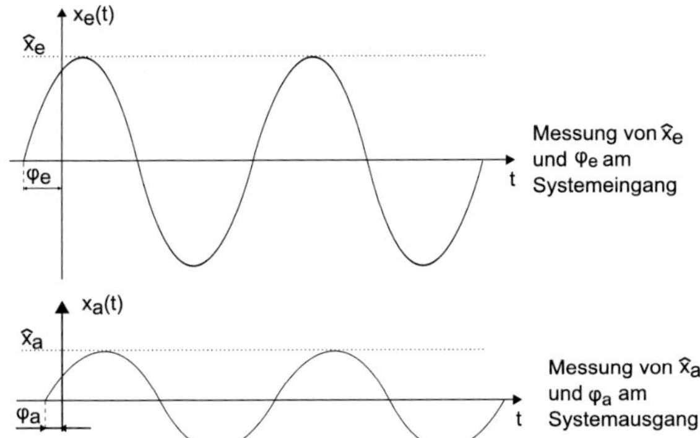

Abbildung 2.6: Experimentelle Bestimmung des Frequenzgangs durch Messung von Amplitudenverhältnis und Phasenverschiebung. Im gezeigten Beispiel ist $\hat{x}_a/\hat{x}_e < 1$. Das Signal wird also für die angenommene Frequenz gedämpft. Gleichzeitig erfolgt eine Phasenverschiebung $\varphi_a - \varphi_e$.

Die praktische Nutzung des Frequenzgangs erfolgt in der Regelungstechnik durch die in Unterabschnitt 4.5.2 dargestellte Auswertung der Ortskurve des Frequenzgangs mit Hilfe des Nyquist-Kriteriums. Als Ortskurve des Frequenzgangs bezeichnet man die grafische Darstellung des Frequenzgangs in der komplexen Zahlenebene, beispielhaft gezeigt in Abbildung 2.7.

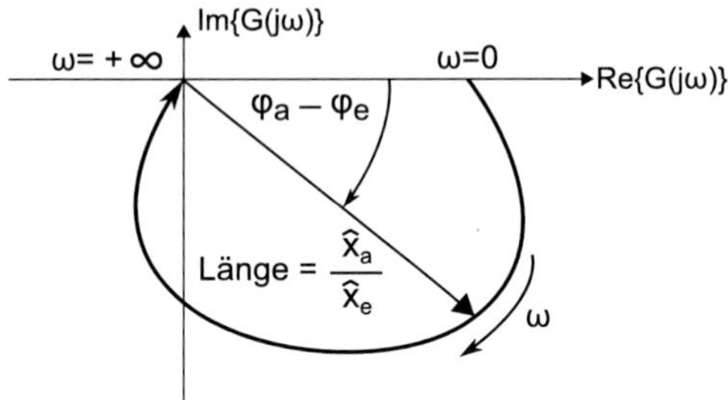

Abbildung 2.7: Prinzipskizze zur Ortskurve des Frequenzgangs.

Für diese Darstellung gibt es zwei Möglichkeiten:

1. Darstellung mit kartesischen Koordinaten:

   Hierbei wird die Frequenzganggleichung in Real- und Imaginärteil zerlegt, und man erhält die Punkte der Ortskurve mit den frequenzabhängigen Koordinaten

$$\mathrm{Re}\{G\,(j\omega)\}, \mathrm{Im}\{G\,(j\omega)\}.$$

2. Darstellung mit Zeigern:

   Ausgehend von der bereits bekannten Gleichung

$$|G\,(j\omega)\,|e^{j\arg(G(j\omega))} = \frac{\hat{x}_a}{\hat{x}_e}e^{j(\varphi_a-\varphi_e)}$$

   wird für jede Frequenz ω ein Zeiger der Länge

$$|G\,(j\omega)\,| = \frac{\hat{x}_a}{\hat{x}_e} = \sqrt{\mathrm{Re}^2\{G\,(j\omega)\} + \mathrm{Im}^2\{G\,(j\omega)\}}$$

   mit dem Winkel

$$e^{j\arg(G(j\omega))} = e^{j(\varphi_a-\varphi_e)} = \arctan\frac{\mathrm{Im}\{G\,(j\omega)\}}{\mathrm{Re}\{G\,(j\omega)\}}$$

   zur Abszisse ermittelt. Die Endpunkte aller Zeiger ergeben für $0 \leq \omega \leq +\infty$ eine Kurve in der komplexen Zahlenebene, die Ortskurve des Frequenzgangs.

■ Beispiel

Für ein PT_2-Übertragungssystem mit der Übertragungsfunktion

$$G(s) = \frac{5}{(1+2s)(1+3s)}$$

sollen die Gleichungen zur Berechnung der kartesischen Koordinaten und der Zeigerparameter der Ortskurve des Frequenzgangs ermittelt werden. Anschließend erfolgt die grafische Darstellung für beide Varianten.

1. Darstellung mit kartesischen Koordinaten:

   Zunächst wird mittels $s = j\omega$ die Frequenzganggleichung

   $$G(j\omega) = \frac{5}{(1+2j\omega)(1+3j\omega)}$$

   aufgestellt. Um die Trennung in Real- und Imaginärteil vorzunehmen, wird mit dem konjugiert komplexen Nenner erweitert, und man erhält

   $$G(j\omega) = 5\frac{1}{(1+2j\omega)(1+3j\omega)}\frac{(1-2j\omega)(1-3j\omega)}{(1-2j\omega)(1-3j\omega)}.$$

   Berechnung des Zählers durch Ausmultiplizieren:

   $$(1-2j\omega)(1-3j\omega) = 1-6\omega^2+j(-5\omega).$$

   Berechnung des Nenners mit Hilfe der dritten Binomischen Formel:

   $$\begin{aligned}(1+2j\omega)(1-2j\omega) &= 1+4\omega^2,\\ (1+3j\omega)(1-3j\omega) &= 1+9\omega^2,\\ \left(1+4\omega^2\right)\left(1+9\omega^2\right) &= 36\omega^4+13\omega^2+1.\end{aligned}$$

   Damit erhält man die Gleichung für den Realteil

   $$\mathrm{Re}\{G(j\omega)\} = 5\frac{1-6\omega^2}{36\omega^4+13\omega^2+1} = \frac{5-30\omega^2}{36\omega^4+13\omega^2+1},$$

   und den Imaginärteil

   $$\mathrm{Im}\{G(j\omega)\} = 5\frac{-5\omega}{36\omega^4+13\omega^2+1} = \frac{-25\omega}{36\omega^4+13\omega^2+1}.$$

2. Darstellung mit Zeigern:

   Jetzt lassen sich die Zeigerlänge

   $$\begin{aligned}|G(j\omega)| &= \sqrt{\mathrm{Re}^2\{G(j\omega)\}+\mathrm{Im}^2\{G(j\omega)\}}\\ &= \sqrt{\frac{\left(5-30\omega^2\right)^2}{\left(36\omega^4+13\omega^2+1\right)^2}+\frac{(-25\omega)^2}{\left(36\omega^4+13\omega^2+1\right)^2}}\\ &= \sqrt{\frac{\left(5-30\omega^2\right)^2+625\omega^2}{\left(36\omega^4+13\omega^2+1\right)^2}}\end{aligned}$$

und der Winkel

$$\arg\{G(j\omega)\} = \arctan\frac{\text{Im}\{G(j\omega)\}}{\text{Re}\{G(j\omega)\}} = \arctan\frac{-25\omega}{5-30\omega^2} = \arctan\frac{5\omega}{6\omega^2-1}$$

des Zeigers zur reellen Achse ermitteln.

Mit den so erhaltenen Gleichungen,

$$\text{Re}\{G(j\omega)\} = \frac{5-30\omega^2}{36\omega^4+13\omega^2+1},\quad \text{Im}\{G(j\omega)\} = \frac{-25\omega}{36\omega^4+13\omega^2+1},$$

$$|G(j\omega)| = \sqrt{\frac{(5-30\omega^2)^2+625\omega^2}{(36\omega^4+13\omega^2+1)^2}},\quad \arg\{G(j\omega)\} = \arctan\frac{5\omega}{6\omega^2-1}$$

lassen sich konkrete Werte der Ortskurve berechnen und grafisch darstellen.

Tabelle 2.3: Berechnete Werte der Ortskurve des Frequenzgangs.

ω	0	0,2	0,4	0,6	0,8	1,0	10	∞
$\text{Re}\{G(j\omega)\}$	5,00	2,41	0,05	-0,56	-0,59	-0,50	-0,0083	0
$\text{Im}\{G(j\omega)\}$	0	-3,17	-2,50	-1,45	-0,83	-0.50	-0,0007	0
$\|G(j\omega)\|$	5,0	3,98	2,5	1,55	1,02	0,70	0,0083	0
$\arg\{G(j\omega)\}$	0	-52,77	-88,85	-111.10	-125,5	-135,0	-175,2	-180

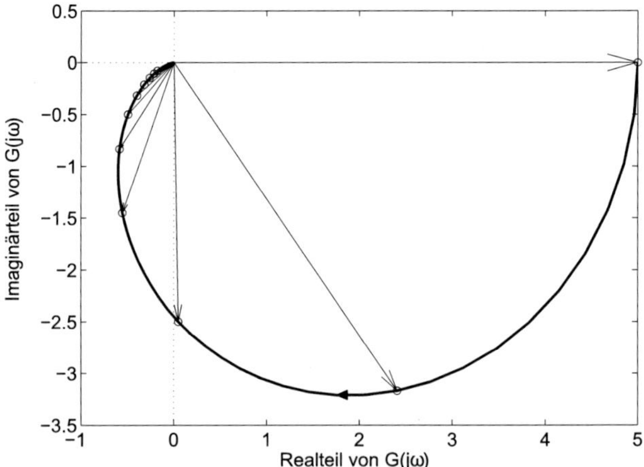

Abbildung 2.8: Grafische Darstellung der Ortskurve des Frequenzgangs mit den in Tabelle 2.3 berechneten Werten. Die Kreise entsprechen den kartesischen Koordinaten, die Pfeile den Zeigern.

2.5 Bode-Diagramm

Das Bode-Diagramm besteht aus zwei Teilen:

1. Im Amplitudenfrequenzgang wird das Verhältnis von Ausgangs- zu Eingangsamplitude in dB, d.h. $20\log_{10}(\hat{x}_a/\hat{x}_e)$, über der logarithmierten Kreisfrequenz aufgetragen.

2. Im Phasenfrequenzgang wird die Phasenverschiebung zwischen Ausgangs- und Eingangssignal über der logarithmierten Kreisfrequenz aufgetragen.

Für die Darstellung des Bode-Diagramms gelten folgende Konventionen:

	Bezeichung	Abszissenteilung	Ordinatenteilung
$\lvert G(j\omega)\rvert$	Amplitudenfrequenzgang	logarithmisch $\log_{10}$	$20\log_{10}$ in dB
$\arg\{G(j\omega)\}$	Phasenfrequenzgang	logarithmisch $\log_{10}$	linear in $^\circ$ oder rad

In Kapitel 2.4 wurde der Frequenzgang

$$G(j\omega) = \frac{X_a(j\omega)}{X_e(j\omega)} = |G(j\omega)|e^{j\arg(G(j\omega))},\ 0 \leq \omega \leq +\infty$$

als E/A-Modell bezüglich harmonischer Eingangssignale für LTI-Systeme vorgestellt. Stellt man $|G(j\omega)|$ und $\arg\{G(j\omega)\}$ in einzelnen Diagrammen grafisch dar, erhält man das Bode-Diagramm. Die daraus resultierenden Zusammenhänge zwischen Frequenzgang und Bode-Diagramm veranschaulicht Abbildung 2.9.

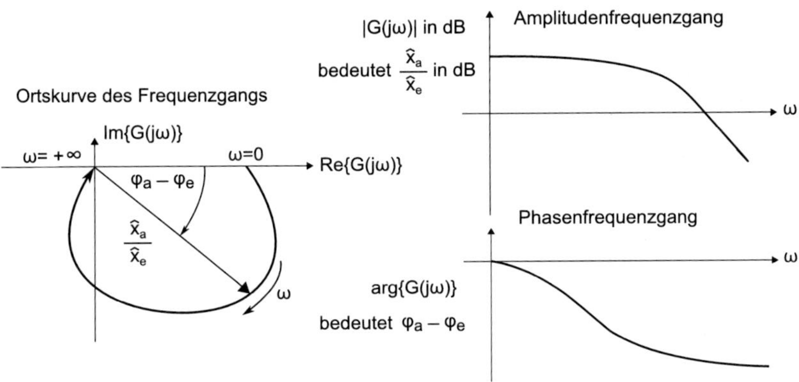

Abbildung 2.9: Prinzipskizze zum Zusammenhang zwischen der Ortskurve des Frequenzgangs und dem Bode-Diagramm.

■ Beispiel

In Kapitel 2.4 wurden die Gleichungen

$$|G(j\omega)| = \sqrt{\frac{(5-30\omega^2)^2 + 625\omega^2}{(36\omega^4 + 13\omega^2 + 1)^2}} \text{ und } \arg\{G(j\omega)\} = \arctan\frac{5\omega}{6\omega^2 - 1}$$

zur Berechnung des Frequenzgangs für das PT_2-Übertragungssystem

$$G(s) = \frac{5}{(1+2s)(1+3s)}$$

ermittelt. Stellt man $|G(j\omega)|$ und $\arg\{G(j\omega)\}$ dieses Systems nach den genannten Konventionen des Bode-Diagramms grafisch dar, erhält man die in Abbildung 2.10 gezeigte Darstellung.

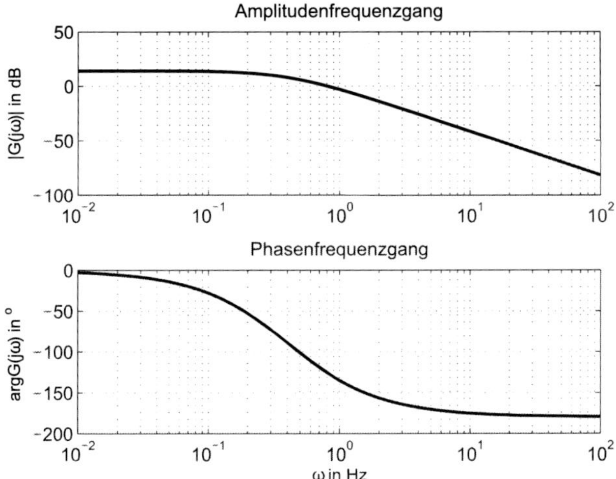

Abbildung 2.10: Bode-Diagramm zum Frequenzgang aus Abbildung 2.8.

Ein Vergleich des gezeigten Bode-Diagramms mit dem zugehörigen Frequenzgang aus Abbildung 2.8 lässt die Zusammenhänge zwischen beiden Darstellungsformen deutlich werden. Betrachtet man zunächst den Amplitudenfrequenzgang, erkennt man, dass die Zeigerlänge mit steigender Frequenz abnimmt. Das bedeutet, dass auch das Verhältnis $\hat{x}_a/\hat{x}_e$ geringer wird, was in der Praxis bedeutet, dass das Ausgangssignal mit zunehmender Frequenz immer stärker gedämpft wird. Das System hat somit Tiefpasscharakter.

Genauso offensichtlich zeigt der Phasenfrequenzgang die Drehung des Zeigers von $0°$ nach $-180°$ mit steigender Frequenz. Dies ist das typische Verhalten eines Systems zweiter Ordnung, beispielsweise eine RLC-Tiefpasses.

2.6 Zustandsmodelle

2.6.1 Einführung des Zustandsbegriffs

Die Gründe für die Verwendung von Zustandsmodellen sind a) die Möglichkeit der Behandlung von Mehrgrößensystemen, b) der Entwurf von Zustandsregelungen, c) die Betrachtung der inneren Größen eines Systems und d) die Analyse der Systemeigenschaften Stabilität, Steuerbarkeit und Beobachtbarkeit. Im Rahmen der vorliegenden Abhandlung werden die Aspekte c) und d) behandelt.

Der Zustand eines Systems wird durch die Ladezustände seiner Energiespeicher beschrieben. Die sogenannten Zustandsmodelle erweitern die Möglichkeiten der in den Unterkapiteln 2.1 bis 2.5 vorgestellten Eingangs- Ausgangsmodelle dadurch, dass neben den Eingangs- und Ausgangsgrößen, eben diese Ladungszustände berücksichtigt werden können.

In Unterkapitel 2.1 wurde die Differentialgleichung als Eingangs- Ausgangsmodell für lineare Systeme vorgestellt. Hierbei entsprach der Grad der Differentialgleichung der Ordnung des Systems, und damit der Anzahl der Energiespeicher. Aus der Mathematik ist bekannt, dass sich jede lineare DGL n-ter Ordnung in ein System aus n Differentialgleichungen erster Ordnung überführen lässt. Sind die Anfangsbedingungen, also die Ladezustände der der Energiespeicher bekannt, ist das so entstandene Differentialgleichungssystem eindeutig lösbar. Dies wiederum bedeutet, dass sich die Ladezustände – und somit der Zustand des Systems – für jeden zukünftigen Zeitpunkt berechnen lassen.

Die folgende Abbildung 2.11 zeigt das bekannte Beispiel eines Federpendels, wie es in den Grundlagen der Physik zur Erklärung zahlreicher Phänomene, wie der Energieerhaltung herangezogen wird. Uns dient es als Beispiel für ein prinzipiell schwingungsfähiges System mit zwei Energiespeichern, welches sich in guter Näherung durch lineare Differentialgleichungen beschreiben lässt.

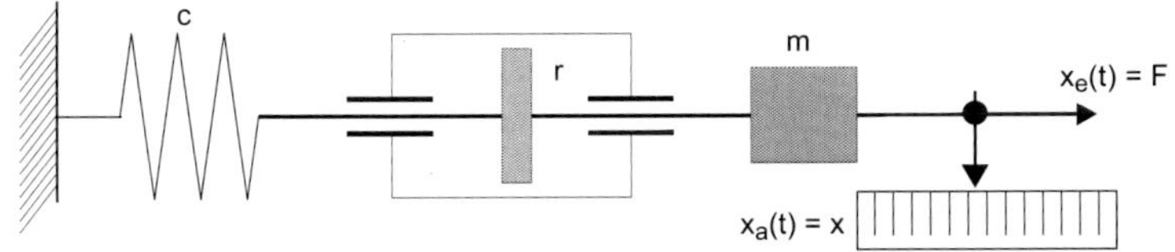

Abbildung 2.11: Das Federpendel als Beispiel für ein System zweiter Ordnung.

Im Modell sind die Federkonstante c, eine Dämpfung r und die Masse m berücksichtigt. Die Eingangsgröße $x_e(t)$ sei eine antreibende Kraft. Als Ausgangsgröße $x_a(t)$ wird die Position der Masse gewählt.

Die Ein- und Ausgangsgröße sind durch die aus der Physik bekannte lineare Differentialgleichung zweiter Ordnung

$$m\ddot{x}_a(t) + r\dot{x}_a(t) + cx_a(t) = x_e(t),$$

verknüpft.

Zur vollständigen Beschreibung eines Systems zweiter Ordnung werden zwei Zustandsgrößen $x_1(t)$ und $x_2(t)$ benötigt. Diese sind frei wählbar. Entscheidet man sich also beispielsweise für die Position und die Geschwindigkeit, dann erhält man für die Zustandsgrößen

$$\begin{aligned} x_1(t) &= x_a(t)\,, \\ x_2(t) &= \dot{x}_a(t)\,. \end{aligned}$$

Es wurde bereits darauf hingewiesen, dass für die Zustandsdarstellung eines Systems n-ter Ordnung n Differentialgleichungen erster Ordnung benötigt werden. Diese erhält man durch Ableitung der festgelegten Zustandsgrößen, im vorliegenden Beispiel also durch

$$\begin{aligned} \dot{x}_1(t) &= x_2(t)\,, \\ \dot{x}_2(t) &= -\frac{c}{m}x_1(t) - \frac{r}{m}x_2(t) + \frac{1}{m}x_e(t)\,. \end{aligned}$$

Fasst man das so entstandene Differentialgleichungssystem in Matrixschreibweise zusammen, erhält man die sogenannte *Zustandsgleichung*

$$\begin{pmatrix} \dot{x}_1(t) \\ \dot{x}_2(t) \end{pmatrix} = \begin{pmatrix} 0 & 1 \\ -c/m & -r/m \end{pmatrix} \cdot \begin{pmatrix} x_1(t) \\ x_2(t) \end{pmatrix} + \begin{pmatrix} 0 \\ 1/m \end{pmatrix} \cdot x_e(t)$$

des Systems.

Die Darstellung der Ausgangsgröße mit Hilfe der Zustandsgrößen, nennt man *Ausgangsgleichung* des Systems. Da im vorliegenden Fall die Position als Ausgangsgröße gewählt wurde, ergibt sich

$$x_a(t) = \begin{pmatrix} 1 & 0 \end{pmatrix} \cdot \begin{pmatrix} x_1(t) \\ x_2(t) \end{pmatrix}.$$

Diese Herangehensweise lässt sich verallgemeinern, indem man die Struktur von Zustands- und Ausgangsgleichung notiert:

$$\begin{aligned} \text{Zustandsgleichung: } \dot{\mathbf{x}}(t) &= \mathbf{A}\mathbf{x}(t) + \mathbf{b}u(t)\,, \\ \text{Ausgangsgleichung: } y(t) &= \mathbf{c}^T\mathbf{x}(t) + du(t)\,. \end{aligned}$$

Handelt es sich um ein System mit mehreren Eingangs- und Ausgangsgrößen, dann ändern sich diese Gleichungen wie folgt:

$$\begin{aligned} \text{Zustandsgleichung: } \dot{\mathbf{x}}(t) &= \mathbf{A}\mathbf{x}(t) + \mathbf{B}\mathbf{u}(t)\,, \\ \text{Ausgangsgleichung: } \mathbf{y}(t) &= \mathbf{C}\mathbf{x}(t) + \mathbf{D}\mathbf{u}(t)\,. \end{aligned}$$

Die einzelnen Bestandteile dieser Gleichungen werden wie folgt bezeichnet:

Zustandsvektor	Ableitung des Zustandsvektors	Systemmatrix
$\mathbf{x}(t) = \begin{pmatrix} x_1(t) \\ x_2(t) \\ \vdots \\ x_n(t) \end{pmatrix}$,	$\dot{\mathbf{x}}(t) = \begin{pmatrix} \dot{x}_1(t) \\ \dot{x}_2(t) \\ \vdots \\ \dot{x}_n(t) \end{pmatrix}$,	$\mathbf{A} = \begin{pmatrix} a_{11} & a_{12} & \cdots & a_{1n} \\ a_{21} & a_{22} & \cdots & a_{2n} \\ \vdots & \vdots & \vdots & \vdots \\ a_{n1} & a_{n2} & \cdots & a_{nn} \end{pmatrix}$.

Die anderen Bestandteile der Gleichungen sind in Abhängigkeit davon zu unterscheiden, ob ein System mit einer Eingangs-, und einer Ausgangsgröße, also ein sogenanntes SISO-System (single-input-single-output-system), oder ein System mit mehreren Eingangs- und Ausgangsgrößen, also ein MIMO-System (multiple-input-multiple-output-system), vorliegt.

SISO-System	MIMO-System, mit m Eingangsgrößen und r Ausgangsgrößen
Eingangsgröße $u(t)$	Eingangsvektor $\mathbf{u}(t) = \begin{pmatrix} u_1(t) \\ u_2(t) \\ \vdots \\ u_m(t) \end{pmatrix}$
Ausgangsgröße $y(t)$	Ausgangsvektor $\mathbf{y}(t) = \begin{pmatrix} y_1(t) \\ y_2(t) \\ \vdots \\ y_r(t) \end{pmatrix}$
Steuervektor $\mathbf{b} = \begin{pmatrix} b_1 \\ b_2 \\ \vdots \\ b_n \end{pmatrix}$	Steuermatrix $\mathbf{B} = \begin{pmatrix} b_{11} & b_{12} & \cdots & b_{1m} \\ b_{21} & b_{22} & \cdots & b_{2m} \\ \vdots & \vdots & \vdots & \vdots \\ b_{n1} & b_{n2} & \cdots & b_{nm} \end{pmatrix}$
Ausgangsvektor $\mathbf{c}^T = (c_1\ c_2\ \ldots c_n)$	Ausgangsmatrix $\mathbf{C} = \begin{pmatrix} c_{11} & c_{12} & \cdots & c_{1n} \\ c_{21} & c_{22} & \cdots & c_{2n} \\ \vdots & \vdots & \vdots & \vdots \\ c_{r1} & c_{r2} & \cdots & c_{rn} \end{pmatrix}$
Durchgang $d = \{0, 1\}$	Durchgangsmatrix $\mathbf{D} = \begin{pmatrix} d_{11} & d_{12} & \cdots & d_{1m} \\ d_{21} & d_{22} & \cdots & d_{2m} \\ \vdots & \vdots & \vdots & \vdots \\ d_{r1} & d_{r2} & \cdots & d_{rm} \end{pmatrix}$

Die Strukturen der Zustands- und der Ausgangsgleichung lassen sich, wie in den folgenden Abbildungen gezeigt, gemeinsam in einem Blockschaltbild darstellen.

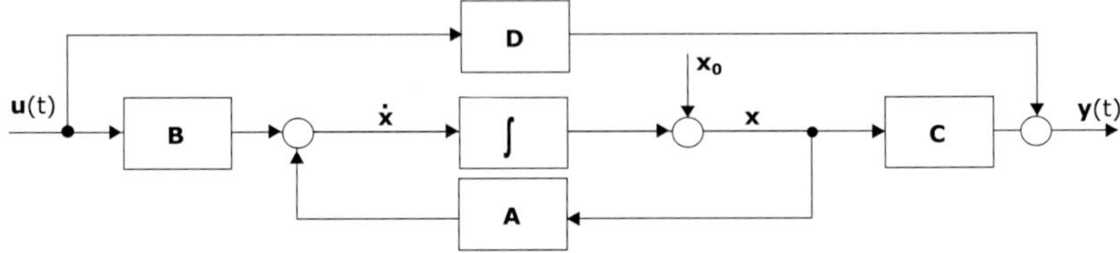

Abbildung 2.12: Blockschaltbild der Zustands- und Ausgangsgleichung für ein MIMO-System.

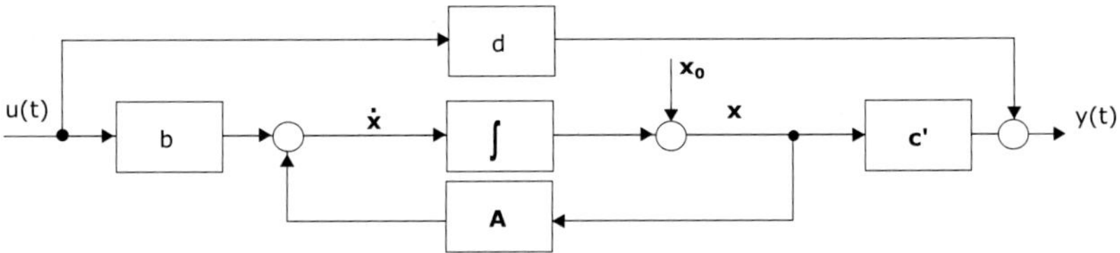

Abbildung 2.13: Blockschaltbild der Zustands- und Ausgangsgleichung für ein SISO-System.

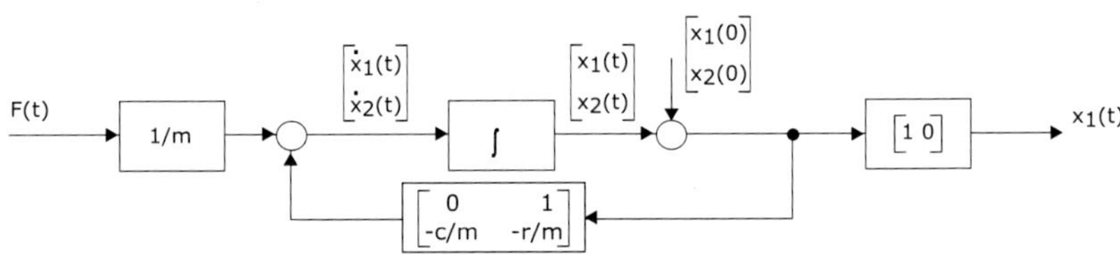

Abbildung 2.14: Blockschaltbild der Zustands- und Ausgangsgleichung des Federpendels als Beispiel für ein SISO-System.

Wir bleiben wegen der weiteren Verwendung unseres Einführungsbeispiels bei der Verwendung des SISO-Systems. Der Übergang zu MIMO-Systemen sollte mit dem bisher gesagten, keine Probleme bereiten.

2.6.2 Lösung der Zustandsgleichung

Zur Berechnung der zeitlichen Verläufe der Zustandsgrößen, muss das durch die Zustandsgleichung

$$\dot{\mathbf{x}}(t) = \mathbf{A}\mathbf{x}(t) + \mathbf{b}u(t)$$

repräsentierte lineare Differentialgleichungssystem gelöst werden. Auf eine Herleitung der Lösungsgleichung muss hier verzichtet werden. Sie lautet

$$\mathbf{x}(t) = e^{\mathbf{A}t} \cdot \mathbf{x}(0) + \int_0^t e^{\mathbf{A}(t-\tau)} \cdot \mathbf{b} \cdot u(\tau)\,\mathrm{d}\tau.$$

Hierbei bezeichnet man den Term

$$\mathbf{\Phi}(t) = e^{\mathbf{A}t}$$

als Fundamentalmatrix oder auch als Transitionsmatrix. Damit lautet die Lösung der Zustandsgleichung

$$\mathbf{x}(t) = \mathbf{\Phi}(t) \cdot \mathbf{x}(0) + \int_0^t \mathbf{\Phi}(t-\tau) \cdot \mathbf{b} \cdot u(\tau)\,\mathrm{d}\tau.$$

Der linke Teil der Lösung, also $\mathbf{\Phi}(t) \cdot \mathbf{x}(0)$, hängt nur von den Anfangswerten der Zustandsgrößen $\mathbf{x}(t)$ ab, und repräsentiert deshalb die Eigenbewegung des Systems, auch freie Bewegung genannt. Dies entspricht der homogenen Lösung des Differentialgleichungssystems.

Der rechte Teil der Lösung, also $\int_0^t \mathbf{\Phi}(t-\tau) \cdot \mathbf{b} \cdot u(\tau)\,\mathrm{d}\tau$, hängt nur von der Eingangsgröße $u(\tau)$ ab, und repräsentiert somit die erzwungene Bewegung des Systems. Dies entspricht der partikulären Lösung des Differentialgleichungssystems.

Betrachtet man die Lösungsgleichung, dann erkennt man, dass der eigentlichen Lösung die Berechnung der Fundamentalmatrix vorausgehen muss. Hierfür sind mehrere Methoden im Zeit - und Bildbereich bekannt. An dieser Stelle soll die Berechnung im Bildbereich der Laplace-Transformation vorgestellt werden. Wiederum ohne Herleitung gilt für die Fundamentalmatrix im Bildbereich

$$\mathbf{\Phi}(s) = (s\mathbf{I} - \mathbf{A})^{-1}.$$

Die Berechnung der Inversen von $(s\mathbf{I} - \mathbf{A})$ erfolgt im allgemeinen Fall mittels

$$(s\mathbf{I} - \mathbf{A})^{-1} = \frac{1}{\det(s\mathbf{I} - \mathbf{A})} \operatorname{adj}(s\mathbf{I} - \mathbf{A}),$$

wobei $\operatorname{adj}(s\mathbf{I} - \mathbf{A})$ die Bedeutung der adjungierten Matrix hat. Man erhält also letztlich

$$\mathbf{\Phi}(t) = \mathcal{L}^{-1}\left\{\frac{1}{\det(s\mathbf{I} - \mathbf{A})} \operatorname{adj}(s\mathbf{I} - \mathbf{A})\right\}.$$

■ Beispiel: Diese Rechenvorschrift wollen wir nun durch Darstellung der wichtigsten Rechenschritte auf unser Beispiel anwenden. Die ausführliche Rechnung, mit allen Zwischenschritten, stellt der Autor auf Anfrage gern zur Verfügung.

Berechnung der Fundamentalmatrix bei Schwingungsfähigkeit

Für die Rechnung werden folgende Parameter

Masse	$m = 0,1\,kg,$
Federkonstante	$c = 3,0\,N/m,$
Reibung 1, gedämpfte Schwingung	$r_1 = 0,1\,kg/s,$
Systemmatrix für r_1,m,c	$\mathbf{A_1} = \begin{pmatrix} 0 & 1 \\ -30 \cdot \mathbf{s^{-2}} & -1 \cdot \mathbf{s^{-1}} \end{pmatrix}$

des Federschwingers verwendet. Zunächst erfolgt mit

$$\mathbf{\Phi}(t) = \mathcal{L}^{-1}\{\text{inv}\,\mathbf{\Phi}(s)\} = \mathcal{L}^{-1}\left\{\frac{1}{\det(s\mathbf{I} - \mathbf{A_1})}\,\text{adj}\,(s\mathbf{I} - \mathbf{A_1})\right\}$$

die Berechnung der Fundamentalmatrix

$$\mathbf{\Phi}(t) = \mathcal{L}^{-1}\left\{\begin{pmatrix} \dfrac{s + 1\mathbf{s^{-1}}}{s^2 + s + 30} & \dfrac{1}{s^2 + s + 30} \\ \dfrac{-30\mathbf{s^{-2}}}{s^2 + s + 30} & \dfrac{s}{s^2 + s + 30} \end{pmatrix}\right\} = \mathcal{L}^{-1}\left\{\begin{pmatrix} \Phi_{11}(s) & \Phi_{12}(s) \\ \Phi_{21}(s) & \Phi_{22}(s) \end{pmatrix}\right\}.$$

Die Rücktransformationen von $\Phi_{12}(s)$ und $\Phi_{21}(s)$ entsprechen, abgesehen vom Faktor -30, einander. Da außerdem $\Phi_{11}(s) = \Phi_{12}(s) + \Phi_{22}(s)$ gilt, muss die Berechnung nur für $\Phi_{12}(s)$ und $\Phi_{22}(s)$ ausgeführt werden.

Das Nennerpolynom von $\Phi_{12}(s)$ hat eine einfache konjugiert komplexe Polstelle bei $s_{1,2} = -0,5 \pm 5,45j$. Damit kann die Korrespondenz

$$\mathcal{L}^{-1}\left\{\frac{1}{s^2 + 2D\omega_0 s + \omega_0^2}\right\} = \frac{1}{\omega_0\sqrt{1 - D^2}} \cdot e^{-D\omega_0 t} \cdot \sin\left(\omega_0\sqrt{1 - D^2} \cdot t\right)$$

verwendet werden, und man erhält mit den Zahlenwerten

$$\omega_0 = \sqrt{30} \approx 5,48, \quad D \approx \frac{1}{2\sqrt{30}} = 0,0913,$$

$$\mathcal{L}^{-1}\{\Phi_{12}(s)\} = 0,1833 \cdot \mathbf{s} \cdot e^{-0,5t} \cdot \sin(5,45 \cdot t)\,.$$

Zu beachten ist, dass diese Gleichung die Einheit Sekunde liefert.
Das Nennerpolynom von $\Phi_{22}(s)$ hat eine einfache konjugiert komplexe Polstelle bei $s_{1,2} = -0,5 \pm 5,45j$. Damit kann die Korrespondenz

$$\mathcal{L}^{-1}\left\{\frac{s}{s^2 + 2D\omega_0 s + \omega_0^2}\right\} = \frac{1}{\sqrt{1 - D^2}} \cdot e^{-D\omega_0 t} \cdot \cos\left(\omega_0\sqrt{1 - D^2} \cdot t + \arcsin(D)\right)$$

verwendet werden, und man erhält mit den Zahlenwerten

$$\omega_0 = \sqrt{30} \approx 5,48, \quad D \approx \frac{1}{2\sqrt{30}} = 0,0913$$

$$\mathcal{L}^{-1}\{\Phi_{22}(s)\} = 1,0042 \cdot e^{-0,5t} \cdot \cos(5,45 \cdot t + 0,091)\,.$$

Zu beachten ist, dass diese Gleichung keine Einheit liefert.

Damit lassen sich die Elemente

$$\begin{aligned}\Phi_{11}(t) &= \Phi_{12}\mathbf{s^{-1}} + \Phi_{22}(t)\,,\\ &= 0,1833 \cdot e^{-0,5t} \cdot \sin(5,45 \cdot t) + 1,0042 \cdot e^{-0,5t} \cdot \cos(5,45 \cdot t + 0,091)\\ \Phi_{12}(t) &= 0,1833 \cdot \mathbf{s} \cdot e^{-0,5t} \cdot \sin(5,45 \cdot t)\,,\\ \Phi_{21}(t) &= -5,5 \cdot \mathbf{s^{-1}} \cdot e^{-0,5t} \cdot \sin(5,45 \cdot t)\,,\\ \Phi_{22}(t) &= 1,0042 \cdot e^{-0,5t} \cdot \cos(5,45 \cdot t + 0,091)\end{aligned}$$

der Fundamentalmatrix angeben.

Berechnung der freien Bewegung bei Schwingungsfähigkeit

Die Zustandsgleichung soll nun unter der Annahme gelöst werden, dass das Federpendel eine Auslenkung erfährt. Es verbleibt also die Lösung der Gleichung

$$\mathbf{x}(t) = \mathbf{\Phi}(t) \cdot \mathbf{x}(0)$$

der freien Bewegung des Systems. Mit

$$\begin{aligned}x_1(t) &= x_1(0) \cdot \Phi_{11}(t) + x_2(0) \cdot \Phi_{12}(t)\,,\\ x_2(t) &= x_1(0) \cdot \Phi_{21}(t) + x_2(0) \cdot \Phi_{22}(t)\end{aligned}$$

erhält man die Position

$$\begin{aligned}x_1(t) =& x_1(0)\left[0,1833e^{-0,5t} \cdot \sin(5,45 \cdot t) + 1,0042 \cdot e^{-0,5t} \cdot \cos(5,45 \cdot t + 0,091)\right]\\ &+ x_2(0) \cdot \mathbf{s} \cdot \left[0,1833 \cdot e^{-0,5t} \cdot \sin(5,45 \cdot t)\right]\end{aligned}$$

und die Geschwindigkeit

$$\begin{aligned}x_2(t) =& x_2(0) \cdot \left[1,0042 \cdot e^{-0,5t} \cdot \cos(5,45 \cdot t + 0,091)\right]\\ &- x_1(0) \cdot \mathbf{s^{-1}}\left[5,5 \cdot e^{-0,5t} \cdot \sin(5,45 \cdot t)\right]\end{aligned}$$

der Masse des Federpendels.

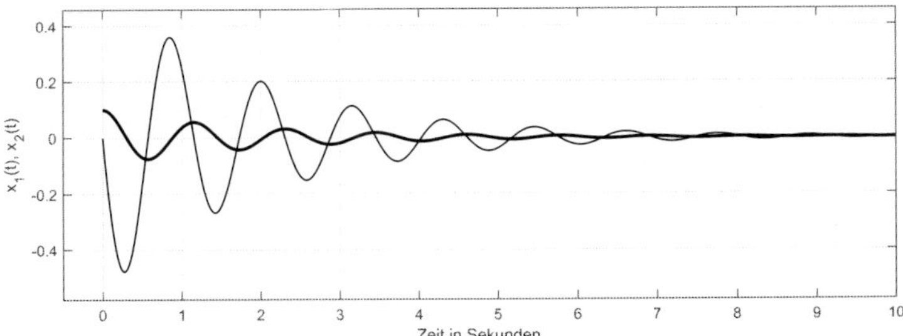

Abbildung 2.15: Darstellung der freien Bewegung mit einer Anfangsauslenkung von $0,1\ m$, fette Linie $x_1(t)$, normale Linie $x_2(t)$.

Berechnung der erzwungenen Bewegung bei Schwingungsfähigkeit

Die Zustandsgleichug soll nun unter der Annahme gelöst werden, dass sich das Federpendel zunächst in Ruhe befindet und dann durch eine konstante Kraft f_0 als Eingangsgröße $x_e(\tau) = f_0$ ausgelenkt wird. Damit sind alle Anfangswerte, und somit auch Eigenbewegung des Systems gleich Null. Es verbleibt also die Ermittlung der erzwungenen Bewegung

$$\mathbf{x}(t) = \int_0^t \mathbf{\Phi}(t-\tau) \cdot \mathbf{b} \cdot u(\tau)\, \mathrm{d}\tau.$$

$$\mathbf{x}(t) = \int_0^t \begin{pmatrix} \Phi_{11}(t-\tau) & \Phi_{12}(t-\tau) \\ \Phi_{21}(t-\tau) & \Phi_{22}(t-\tau) \end{pmatrix} \begin{pmatrix} 0 \\ 1/m \end{pmatrix} x_e(\tau)\, \mathrm{d}\tau,$$

$$x_1(t) = 1,833 \cdot f_0 \frac{m}{s} \int_0^t e^{-(t-\tau)/2} \sin(5,45(t-\tau))\, \mathrm{d}\tau,$$

$$x_2(t) = 10,042 \cdot f_0 \frac{m}{s^2} \int_0^t e^{-(t-\tau)/2} \cos(5,45(t-\tau) + 0,091)\, \mathrm{d}\tau.$$

Die Lösung dieser Integrale lautet

$$x_1(t) = 0,0612 f_0 \cdot m \cdot \left(5,45 - 5,45 e^{-t/2} \cos(5,45t) - 0,5 e^{-t/2} \cdot \sin(5,45t)\right),$$

$$x_2(t) = 0,34\, f_0 \frac{m}{s} \cdot (x_{2a}(t) + x_{2b}(t)) \text{ mit}$$

$$x_{2a}(t) = \cos(5,45t + 0,091)\left(0,5 \cdot \cos(5,45t) + 5,45 \cdot \sin(5,45t) - 0,5 \cdot e^{-t/2}\right),$$

$$x_{2b}(t) = \sin(5,45t + 0,091)\left(0,5 \cdot \sin(5,45t) - 5,45 \cdot \cos(5,45t) + 5,45 \cdot e^{-t/2}\right).$$

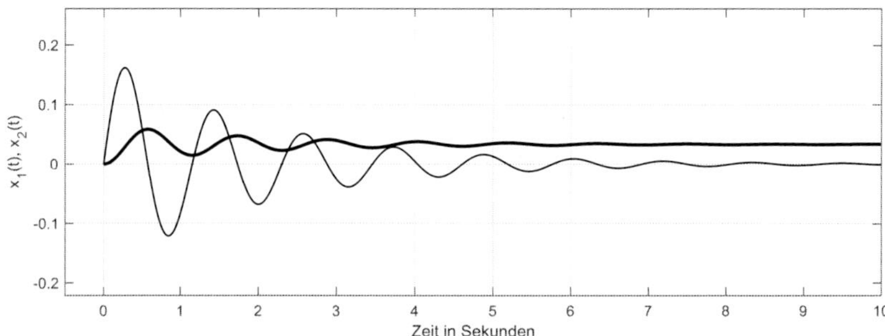

Abbildung 2.16: Darstellung der erzwungenen Bewegung mit einer konstanten Kraft von $0,1\ N$, fette Linie $x_1(t)$, normale Linie $x_2(t)$.

Berechnung der Fundamentalmatrix für den aperiodischen Grenzfall

Für die Rechnung werden folgende Parameter

Masse	$m = 0,1\,kg,$
Federkonstante	$c = 3,0\,N/m,$
Reibung 2, aperiodischer Grenzfall	$r_2 = 2\sqrt{m \cdot c}\;\; kg/s = \sqrt{1,2}\,kg/s.$
Systemmatrix für r_2,m,c	$\mathbf{A_2} = \begin{pmatrix} 0 & 1,0 \\ -30 \cdot \mathbf{s^{-2}} & -\sqrt{120} \cdot \mathbf{s^{-1}} \end{pmatrix}$

des Federschwingers verwendet. Zunächst erfolgt wiederum mit

$$\mathbf{\Phi}(t) = \mathcal{L}^{-1}\{\mathrm{inv}\,\mathbf{\Phi}(s)\} = \mathcal{L}^{-1}\left\{\frac{1}{\det(s\mathbf{I} - \mathbf{A_2})}\,\mathrm{adj}\,(s\mathbf{I} - \mathbf{A_2})\right\}$$

die Berechnung der Fundamentalmatrix

$$\mathbf{\Phi}(t) = \mathcal{L}^{-1}\left\{\begin{pmatrix} \dfrac{s + \sqrt{120}\mathbf{s^{-1}}}{s^2 + \sqrt{120}s + 30} & \dfrac{1}{s^2 + \sqrt{120}s + 30} \\ \dfrac{-30\mathbf{s^{-2}}}{s^2 + \sqrt{120}s + 30} & \dfrac{s}{s^2 + \sqrt{0,3}s + 3} \end{pmatrix}\right\} = \mathcal{L}^{-1}\left\{\begin{pmatrix} \Phi_{11}(s) & \Phi_{12}(s) \\ \Phi_{21}(s) & \Phi_{22}(s) \end{pmatrix}\right\}.$$

Die Rücktransformationen von $\Phi_{12}(s)$ und $\Phi_{21}(s)$ entsprechen, abgesehen vom Faktor -30, einander. Da außerdem $\Phi_{11}(s) = \sqrt{120} \cdot \Phi_{12}(s) + \Phi_{22}(s)$ gilt, muss die Berechnung nur für $\Phi_{12}(s)$ und $\Phi_{22}(s)$ ausgeführt werden.
Das Nennerpolynom von $\Phi_{12}(s)$ hat eine zweifache reelle Polstelle bei $s_{1,2} = -\sqrt{30}$. Damit kann die Korrespondenz

$$\mathcal{L}^{-1}\left\{\frac{1}{(s+a)^2}\right\} = t \cdot\; e^{-at}$$

verwendet werden, und man erhält mit $a = \sqrt{30}$,

$$\mathcal{L}^{-1}\{\Phi_{12}(s)\} = t \cdot\; e^{-\sqrt{30}\cdot t} \cdot \mathbf{s}.$$

Zu beachten ist, dass diese Gleichung die Einheit Sekunde liefert. Das Nennerpolynom von $\Phi_{22}(s)$ hat eine zweifache reelle Polstellen bei $s_{1,2} = -\sqrt{30}$. Damit kann die Korrespondenz

$$\mathcal{L}^{-1}\left\{\frac{s}{(s+a)^2}\right\} = e^{-at}\,(1 - a \cdot t)$$

verwendet werden. Mit $a = \sqrt{30} \cdot \mathbf{s^{-1}}$ erhält man

$$\mathcal{L}^{-1}\{\Phi_{22}(s)\} = e^{-\sqrt{30}\cdot t}\left(1 - \sqrt{30} \cdot t\right).$$

Zu beachten ist, dass diese Gleichung keine Einheit liefert.

Damit lassen sich die Elemente

$$\Phi_{11}(t) = e^{-\sqrt{30}\cdot t}\left(\sqrt{30}\cdot t + 1\right),$$
$$\Phi_{12}(t) = t\cdot\ e^{-\sqrt{30}\cdot t}\ \cdot \mathbf{s},$$
$$\Phi_{21}(t) = -30\cdot t\cdot\ e^{-\sqrt{30}\cdot t}\cdot \mathbf{s^{-1}},$$
$$\Phi_{22}(t) = e^{-\sqrt{30}\cdot t}\left(1 - \sqrt{30}\cdot t\right)$$

der Fundamentalmatrix angeben.

Berechnung der freien Bewegung für den aperiodischen Grenzfall

Die Zustandsgleichung soll nun unter der Annahme gelöst werden, dass das Federpendel eine Auslenkung erfährt. Es verbleibt also die Lösung der Gleichung

$$\mathbf{x}(t) = \mathbf{\Phi}(t)\cdot \mathbf{x}(0)$$

der freien Bewegung des Systems. Mit

$$x_1(t) = x_1(0)\cdot \Phi_{11}(t) + x_2(0)\cdot \Phi_{12}(t),$$

$$x_2(t) = x_1(0)\cdot \Phi_{21}(t) + x_2(0)\cdot \Phi_{22}(t)$$

erhält man die Position

$$x_1(t) = e^{-\sqrt{30}\cdot t}\left(x_1(0)\left(\sqrt{30}\cdot t + 1\right) + x_2(0)\cdot t\ \cdot \mathbf{s}\right)$$

und die Geschwindigkeit

$$x_2(t) = e^{-\sqrt{30}\cdot t}\left(x_2(0)\cdot\left(1 - \sqrt{30}\cdot t\right) - x_1(0)\cdot 30\cdot t\cdot \mathbf{s^{-1}}\right)$$

des Federpendels.

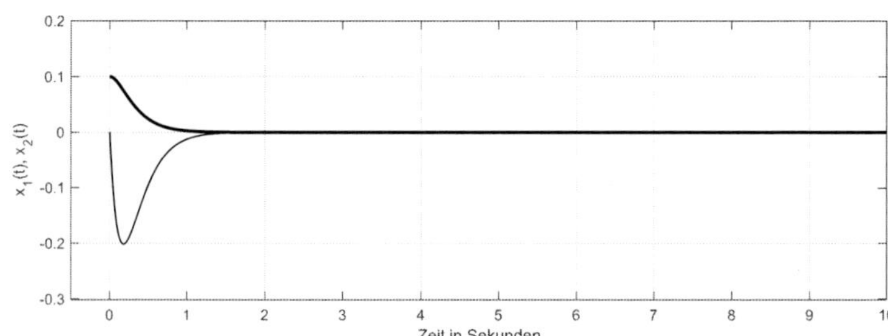

Abbildung 2.17: Darstellung der freien Bewegung mit einer Anfangsauslenkung von $0,1\ m$, fette Linie $x_1(t)$, normale Linie $x_2(t)$.

Berechnung der erzwungenen Bewegung für den aperiodischen Grenzfall

Die Zustandsgleichung soll nun unter der Annahme gelöst werden, dass sich das Federpendel zunächst in Ruhe befindet, und dann durch eine konstante Kraft f_0 als Eingangsgröße $x_e(\tau) = f_0$ ausgelenkt wird. Damit sind alle Anfangswerte, und somit auch Eigenbewegung des Systems gleich Null. Es verbleibt also die Ermittlung der erzwungenen Bewegung

$$\mathbf{x}(t) = \int_0^t \mathbf{\Phi}(t-\tau) \cdot \mathbf{b} \cdot u(\tau) \, \mathrm{d}\tau.$$

$$\mathbf{x}(t) = \int_0^t \begin{pmatrix} \Phi_{11}(t-\tau) & \Phi_{12}(t-\tau) \\ \Phi_{21}(t-\tau) & \Phi_{22}(t-\tau) \end{pmatrix} \begin{pmatrix} 0 \\ 1/m \end{pmatrix} x_e(\tau) \, \mathrm{d}\tau,$$

$$\begin{pmatrix} x_1(t) \\ x_2(t) \end{pmatrix} = \frac{1}{m} \int_0^t \begin{pmatrix} \Phi_{12}(t-\tau) \\ \Phi_{22}(t-\tau) \end{pmatrix} f_0 \, N \mathrm{d}\tau,$$

$$x_1(t) = 10 f_0 \frac{m}{s^2} \int_0^t t \cdot e^{-\sqrt{30} \cdot t} \cdot e^{\sqrt{30} \cdot \tau} - \tau \cdot e^{-\sqrt{30} \cdot t} \cdot e^{\sqrt{30} \cdot \tau} \mathrm{d}\tau$$

$$x_2(t) = 10 f_0 \frac{m}{s^2} e^{-\sqrt{30} \cdot t} \int_0^t e^{\sqrt{30} \cdot \tau} \left(1 - \sqrt{30} \cdot t + \sqrt{30} \cdot \tau\right) \mathrm{d}\tau$$

Die Lösung dieser Integrale lautet für die Position

$$x_1(t) = -f_0 \left(e^{-\sqrt{30} t} D \left(\sqrt{\frac{10}{3}} t + \frac{1}{3} \right) - \frac{1}{3} \right) \cdot m,$$

und für die Geschwindigkeit

$$x_2(t) = f_0 \cdot \frac{t \cdot e^{-\sqrt{30} \cdot t}}{0,1} \cdot \frac{m}{s}$$

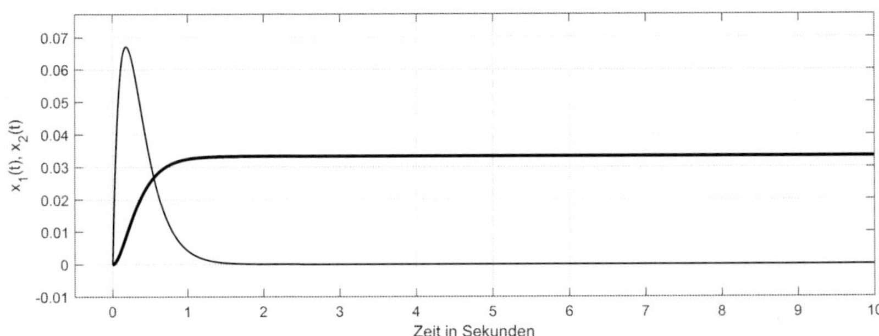

Abbildung 2.18: Darstellung der erzwungenen Bewegung mit einer konstanten Kraft von $0,1\ N$, fette Linie $x_1(t)$, normale Linie $x_2(t)$.

2.6.3 Stabilität, Steuerbarkeit und Beobachtbarkeit

Zur Erklärung, wie man die Stabilität eines Systems aus dem Zustandsmodell bestimmt, benötigen wir die Begriffe der Eigenvektoren und der Eigenwerte einer Matrix. Die Eigenvektoren einer Matrix $\mathbf{A}$ sind Vektoren, welche sich durch eine lineare Abbildung

$$\mathbf{Ax} = \lambda\mathbf{x},$$

abgesehen von einem Faktor λ, auf sich selbst abbilden lassen. Naheliegend zur Bestimmung von $\mathbf{x}$ ist die Umformung

$$(\lambda\mathbf{I} - \mathbf{A})\,\mathbf{x} = \mathbf{0}.$$

Führt man eine Matrix $\mathbf{\Phi} = \lambda\mathbf{I} - \mathbf{A}$ ein, erhält man mit $\mathbf{x} = \Phi^{-1}\mathbf{0}$ eine triviale Lösung $\mathbf{x} = \mathbf{0}$. Diese gilt nur, wenn die Matrix $\mathbf{\Phi}$ regulär, also invertierbar ist. Für die Bestimmung nichttriviale Eigenvektoren muss $\mathbf{\Phi}$ irregulär sein, es muss also

$$\det \mathbf{\Phi} = \det\left(\lambda\mathbf{I} - \mathbf{A}\right) = 0$$

gelten. Die Lösungen der Gleichung $\det\left(\lambda\mathbf{I} - \mathbf{A}\right) = 0$ bezeichnet man als Eigenwerte, das Polynom $\det\left(\lambda\mathbf{I} - \mathbf{A}\right)$ als charakteristisches Polynom der Matrix $\mathbf{A}$.

Stabilität

Der Zusammenhang zur Regelungstechnik besteht darin, dass die Eigenwerte der Systemmatrix $\mathbf{A}$, den Polstellen der Übertragungsfunktion des durch $\mathbf{A}$ beschriebenen Systems entsprechen. Daraus folgt:

> Ein LTI-System ist genau dann stabil, wenn alle Eigenwerte der Systemmatrix einen negativen Realteil besitzen.

■ Beispiel
Wir wählen die Systemmatrix $\mathbf{A_1}$ des Federschwingers. Das charakteristische Polynom von $\mathbf{A_1}$ berechnet sich aus

$$s\mathbf{I} - \mathbf{A_1} = s\begin{pmatrix} 1 & 0 \\ 0 & 1 \end{pmatrix} - \begin{pmatrix} 0 & 1 \\ -30 & -1 \end{pmatrix} = \begin{pmatrix} s & -1 \\ 30 & s+1 \end{pmatrix},$$

und lautet

$$\det\left(s\mathbf{I} - \mathbf{A_1}\right) = s\,(s+1) - 30(-1) = s^2 + s + 30.$$

Die Lösung von

$$s^2 + s + 30 = 0,$$

liefert die Eigenwerte $s_{1,2} = -0,5 \pm 5,45j$ von $\mathbf{A_1}$. Diese entsprechen offensichtlich den Polstellen der Übertragungsfunktion

$$G\,(s) = \frac{1}{0.1s^2 + 0,1s + 3}$$

des Federschwingers bei einer Reibung von $r_1 = 0,1\;kg/s$, denn $0.1s^2 + 0,1s + 3 = 0$, lässt sich durch eine Multiplikation mit 10 als $s^2 + s + 30 = 0$ schreiben.
Wiederholen sie diese Rechnung für die Systemmatrix $\mathbf{A}_2$!

Steuerbarkeit

Ein System n-ter Ordnung heißt *vollständig* steuerbar, wenn durch geeignete Wahl der Eingangsgröße *alle* Zustandsgrößen in endlicher Zeit von beliebigen Anfangswerten in beliebige Endwerte überführt werden können. Dies ist der Fall, wenn die so genannte Steuerbarkeitsmatrix $\mathbf{S}_S = (\mathbf{B} \;\; \mathbf{AB} \; \mathbf{A}^2\mathbf{B} \ldots \mathbf{A}^{n-1}\mathbf{B}\;)$ den Rang n besitzt.

Beobachtbarkeit

Ein System heißt *vollständig* beobachtbar, wenn der Anfangswert *aller* Zustandsgrößen aus dem Verlauf der Eingangsgröße und der Ausgangsgröße innerhalb eines endlichen Zeitintervalls bestimmt werden kann. Dies ist der Fall, wenn die so genannte Beobachtbarkeitsmatrix $\mathbf{S}_B = \begin{pmatrix} \mathbf{C} \\ \mathbf{CA} \\ \mathbf{CA}^2 \\ \vdots \\ \mathbf{CA}^{n-1} \end{pmatrix}$ den Rang n besitzt.

■ Beispiel

Wir untersuchen die Steuerbarkeit und die Beobachtbarkeit des Federschwingers anhand von Matrix $\mathbf{A}_1$ des Federschwingers.

$$\mathbf{S}_S = (\mathbf{b}\;\mathbf{Ab}) = \left(\begin{bmatrix} 0 \\ 10 \end{bmatrix} \; \begin{bmatrix} 0 & 1 \\ -30 & -1 \end{bmatrix} \cdot \begin{bmatrix} 0 \\ 10 \end{bmatrix} \right)$$

$$\mathbf{S}_S = \begin{pmatrix} 0 & 10 \\ 10 & -10 \end{pmatrix}$$

Die Matrix $\mathbf{S}_S$ besitzt den Rang 2, somit ist das System vollständig steuerbar. Das bedeutet, dass sowohl die Position als auch die Geschwindigkeit der Masse des Federschwingers im Rahmen der physikalischen Grenzen, bei entsprechender Anregung, alle Werte annehmen können.

$$\mathbf{S}_B = \begin{pmatrix} \mathbf{c}^T \\ \mathbf{c}^T\mathbf{A} \end{pmatrix} = \begin{pmatrix} \begin{bmatrix} 0 & 1 \end{bmatrix} \\ \begin{bmatrix} 0 & 1 \end{bmatrix} \begin{bmatrix} 0 & 1 \\ -30 & -1 \end{bmatrix} \end{pmatrix}$$

$$\mathbf{S}_B = \begin{pmatrix} 0 & 1 \\ -30 & -1 \end{pmatrix}$$

Die Matrix $\mathbf{S}_B$ besitzt den Rang 2, somit ist das System vollständig beobachtbar. Das bedeutet, dass sowohl die Anfangsposition als auch die Anfangsgeschwindigkeit der Masse des Federschwingers durch Messung der Ausgangsgröße bei bekannter Eingangsgröße ermittelt werden können. Da $\mathbf{c}^T = [0 \;\; 1]$ gewählt wurde, ist die zu messende Ausgangsgröße in diesem Fall die Geschwindigkeit $x_2(t)$.

3 Konkrete Modelle linearer Regelstrecken

Zur vollständigen Beschreibung des Übertragungsverhaltens linearer Systeme werden sechs Übertragungsglieder und einige Kombinationen aus diesen benötigt. Zum besseren Verständnis des folgenden Kapitels, sei eine kurze Beschreibung dieser sechs Übertragungsglieder vorangestellt:

1. Das einfachste Übertragungsglied ist das Proportionalglied, dessen Verhalten einer Verstärkung ohne Zeitverzögerung entspricht. Proportionalglieder besitzen keine Energiespeicher.

2. Berücksichtigt man zusätzlich zur Verstärkung eine Zeitverzögerung, erhält man das Verzögerungsglied 1. Ordnung. In der Praxis tritt dieses Verhalten durch das Laden bzw. Entladen eines Energiespeichers auf.

3. Die Berücksichtigung mehrerer Energiespeicher führt zu Verzögerungsgliedern entsprechend höherer Ordnung, unter denen das Verzögerungsglied 2. Ordnung eine besondere Bedeutung besitzt. Diese ergibt sich aus der Tatsache, das zwei unterschiedliche Energiespeicher bei entsprechender Kopplung ein schwingungsfähiges System bilden können.

4. Systeme, welche die Änderung eines Eingangssignals auswerten, bezeichnet man als differenzierende Übertragungsglieder. Hierbei ist die Ausgangsgröße, proportional der Änderungsgeschwindigkeit der Eingangsgröße.

5. Übertragungsglieder, welche das Eingangssignal aufsummieren, bezeichnet man als integrierende Übertragungsglieder.

6. Eine Sonderstellung nimmt das sogenannte Totzeitglied ein. Hier erfolgt eine reine Signalverschiebung, wie sie bei Transportvorgängen stattfindet.

3.1 Proportionalglied

Proportionalglieder liefern ohne Zeitverzögerung eine zur Eingangsgröße proportionale Ausgangsgröße. Beispiele für proportionales Systemverhalten sind Zahnradgetriebe, Hebel, Spannungsteiler und Potentiometer.

Die Übertragungsfunktion des P-Gliedes lautet

$$G(s) = k.$$

Der einzige Parameter des P-Gliedes ist ein konstanter Verstärkungsfaktor k. Dessen Bedeutung zeigt die Übergangsfunktion

$$h(t) = k$$

des P-Gliedes in Abbildung 3.1. Das Ausgangssignal wird ohne Zeitverzögerung aus dem k-fachen des Eingangssignals gebildet. Da die Ausgangsgröße der Eingangsgröße ohne Verzögerung folgt, stellt das P-Glied eine Idealisierung dar und kann somit nur für sehr schnelle Systeme angewandt werden.

Die Gewichtsfunktion

$$g(t) = k\delta(t)$$

zeigt, dass auch ein Impuls mit k verstärkt ausgegeben wird.

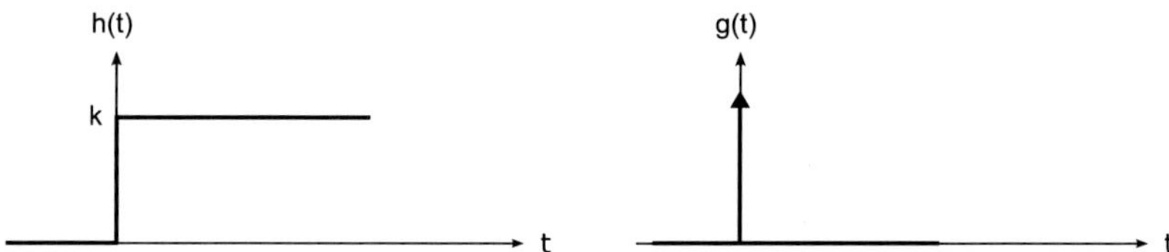

Abbildung 3.1: Prinzipskizze der Übergangsfunktion $h(t)$, und der Gewichtsfunktion $g(t)$ des P-Gliedes.

Auch die Differentialgleichung

$$x_a(t) = k \cdot x_e(t)$$

verdeutlicht, dass das Ausgangssignal dem k-fachen Eingangsignal entspricht. Da ein Proportionalglied keinen Energiespeicher besitzt, haben Differentialeichung und Übertragungsfunktion den Grad Null.

Das Bode-Diagramm, der Frequenzgang und die Ortskurve des Frequenzgangs spielen beim P-Glied keine Rolle, da dessen Wirkungsweise nicht von der Frequenz des Eingangssignals abhängig ist.

3.2 Integrierendes Übertragungsglied

Bei einem integrierenden Übertragungsglied wächst die Ausgangsgröße beim Anliegen einer Eingangsgröße an. Die Ausgangsgröße nimmt nur dann einen konstanten Wert an, wenn die Eingangsgröße den Wert Null annimmt. Beispiele für integrierendes Systemverhalten sind die Bewegung einer Linearachse und der Füllstand eines Behälters ohne Abfluss.

Die Übertragungsfunktion des I-Gliedes lautet

$$G(s) = \frac{1}{T_I s}.$$

Das integrierende Übertragungsglied besitzt als einzigen Parameter die Integrationszeitkonstante T_I. Deren Bedeutung zeigt die Übergangsfunktion

$$h(t) = \frac{1}{T_I} t,$$

handelt es sich hierbei doch um eine Gerade mit dem Anstieg $\frac{1}{T_I}$. Diese entsteht dadurch, dass das integrierende Übertragungsglied die Werte des Eingangssignals aufsummiert. Die Gewichtsfunktion

$$g(t) = \frac{1}{T_I}$$

ändert ihren Wert nicht, da nur der Wert des Eingangsimpulses in die Integration eingeht.

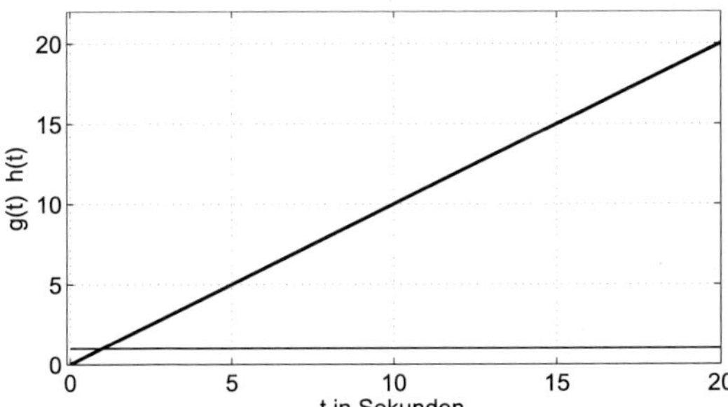

Abbildung 3.2: Übergangsfunktion $h(t)$ (dicke Linie) und Gewichtsfunktion $g(t)$ (dünne Linie) des I-Gliedes.

Die Differentialgleichung des I-Gliedes lautet

$$T_I \dot{x}_a(t) = x_e(t).$$

Stellt man diese nach dem Ausgangssignal

$$x_a(t) = \frac{1}{T_I} \int x_e(t)\,\mathrm{d}t$$

um, erkennt man, dass das Ausgangssignal durch Integration des Eingangsignals entsteht. In der praktischen Realisierung besitzt ein integrierendes Übertragungsglied einen Energiespeicher. Man spricht deshalb von einem System erster Ordnung und die beschreibende Differentialeichung, sowie die zugehörige Übertragungsfunktion haben den Grad Eins.

Setzt man in der Übertragungsfunktion $s = j\omega$ erhält man den Frequenzgang

$$G(j\omega) = \frac{1}{T_I j\omega}$$

des I-Gliedes. Abbildung 3.3 zeigt die Ortskurve des Frequenzgangs. Mit Hilfe der Rechenregel $1/j = -j$ kann man auch

$$G(j\omega) = -j\frac{1}{T_I\omega}$$

schreiben. Jetzt versteht man den Verlauf der Ortskurve: Für kleine Frequenzen w liefert der Quotient $1/\omega$ betragsmäßig große Werte mit negativem Vorzeichen. Mit wachsender Frequenz w geht der Wert des Quotienten gegen Null. Die Ortskurve des Frequenzgangs verläuft also entlang der imaginären Achse von $-\infty$ in den Koordinatenursprung.

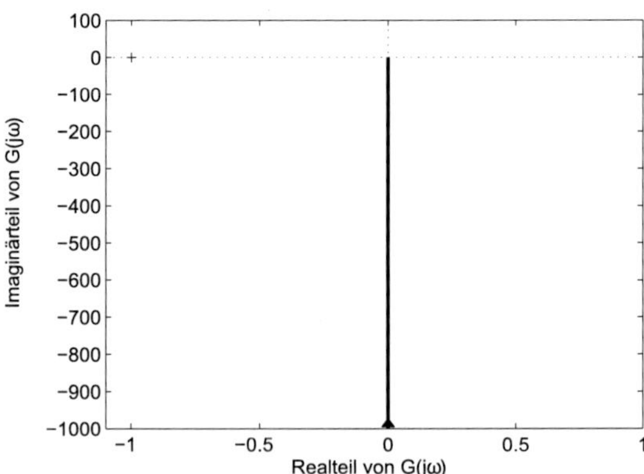

Abbildung 3.3: Die Ortskurve des Frequenzgangs des I-Gliedes.

3.3 Differenzierendes Übertragungsglied

Ein differenzierendes Übertragungsglied ist ein Übertragungsglied, dessen Ausgangsgröße durch eine Veränderung der Eingangsgröße gebildet wird. Ein Beispiel dafür ist die Strom- Spannungsbeziehung, $u = L\frac{\mathrm{d}i}{\mathrm{d}t}$, an der Spule .

Die Übertragungsfunktion des D-Gliedes lautet

$$G(s) = T_D s,$$

und besitzt als einzigen Parameter die Differentiationszeitkonstante T_D. Betrachtet man diese Übertragungsfunktion genauer, erkennt man, dass beim D-Glied wegen

$$G(s) = \frac{T_D s^1}{s^0}$$

der Zählergrad größer als der Nennergrad ist. Dies ist das Merkmal akausaler Systeme. Ein differenzierendes Übertragungsverhalten ist in dieser Form demzufolge technisch nicht realisierbar. Reale differenzierende Systeme weisen immer eine Zeitverzögerung auf, und lassen sich durch die Reihenschaltung eines D- und eines PT_1-Gliedes realisieren. Das entsprechende Modell nennt man DT_1. Es wird in Abschnitt 3.7 behandelt.

Die Übergangsfunktion des reinen D-Gliedes ist der Dirac-Impuls, die Gewichtsfunktion der Einheitssprung. Abbildung 3.4 zeigt den prinzipiellen Verlauf.

Das die Übergangsfunktion

$$h(t) = \delta(t)$$

dem Dirac-Impuls entspricht, ergibt sich daraus, dass die Ableitung der Sprungfunktion an der Sprungstelle einen unendlich großen Wert annimmt. Links und rechts der Sprungstelle ist der Anstieg Null.

Die Gewichtsfunktion

$$g(t) = \int h(t)\,\mathrm{d}t = \int \delta(t)\,\mathrm{d}t = 1$$

ist der Einheitssprung, da das Integral des Dirac-Impulses definitionsgemäß den Wert Eins ist.

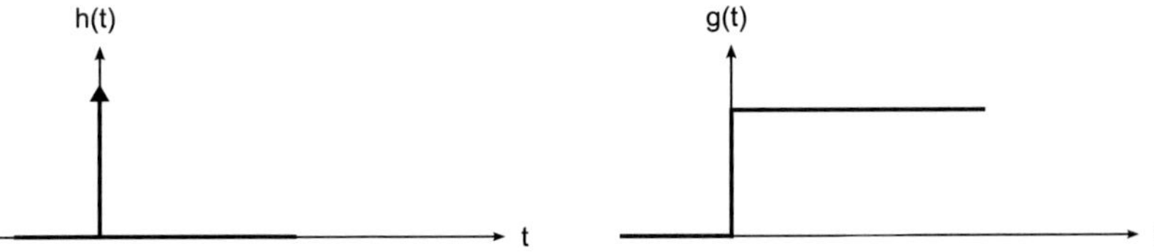

Abbildung 3.4: Prinzipskizze der Übergangsfunktion $h(t)$ und der Gewichtsfunktion $g(t)$ des differenzierenden Übertragungsgliedes.

Die Differentialgleichung

$$x_a(t) = T_D \dot{x}_e(t)$$

zeigt, dass das Ausgangssignal proportional der Ableitung des Eingangssignals ist. Setzt man in der Übertragungsfunktion $s = j\omega$, dann erhält man den Frequenzgang

$$G(j\omega) = T_D j\omega$$

des D-Gliedes.

Abbildung 3.5 zeigt den prinzipiellen Verlauf der Ortskurve des Frequenzgangs. Dieser ist leicht zu verstehen, da ω die Werte von Null bis $+\infty$ auf der imaginären Achse durchläuft.

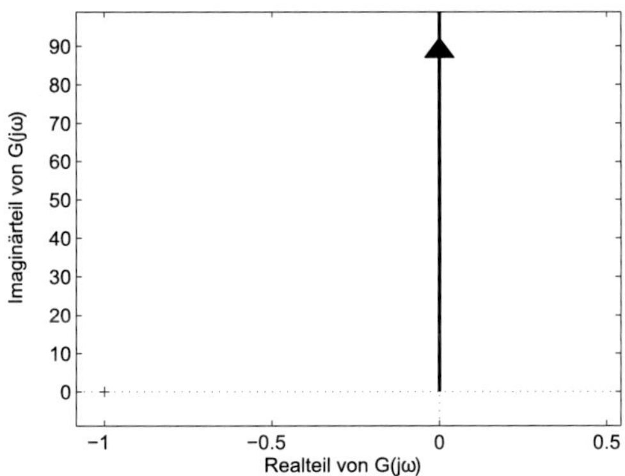

Abbildung 3.5: Die Ortskurve des Frequenzgangs verläuft vom Koordinatenursprung entlang der imaginären Achse nach $+\infty$.

3.4 Verzögerungsglied 1. Ordnung

Besitzt ein Proportionalglied einen Energiespeicher, dann spricht man von einem Verzögerungsglied 1. Ordnung oder einem PT_1-Glied. Beispiele sind die Erwärmung von Flüssigkeiten und das Laden eines Kondensators.

Das PT_1-Glied besitzt die Übertragungsfunktion

$$G(s) = \frac{k}{1+sT}$$

mit den beiden Parametern Verstärkung k und Zeitkonstante T. Die Verstärkung wirkt wie beim Proportionalglied, welches sich für $T \to 0$ aus dem PT_1-Glied ergibt. Die Zeitkonstante T beschreibt das Zeitverhalten. Je größer T ist, umso langsamer reagiert das System.

Abbildung 3.6 zeigt, wie sich die Verstärkung und die Zeitkonstante aus der Übergangsfunktion bestimmen lassen. Die Verstärkung ergibt sich aus dem Verhältnis zwischen dem stationärem Endwert der Ausgangsgröße und der Sprunghöhe der Eingangsgröße, die im Fall der Übergangsfunktion immer Eins ist. Die Zeitkonstante erhält man durch das Anlegen einer Tangente in den Ursprung der Übergangsfunktion, und das Ablesen der Zeit, bei der die Tangente den stationären Endwert schneidet. Abbildung 3.6 wurde also für die konkrete Übertragungsfunktion

$$G(s) = \frac{2}{1+2s}$$

erstellt.

Um zu erkennen, welche Wirkung der Speicher hat, vergleiche man die Gewichtsfunktion des PT_1-Gliedes mit der des P-Gliedes aus Abbildung 3.1; der Eingangsimpuls wird vom PT_1 zeitverzögert abgebaut.

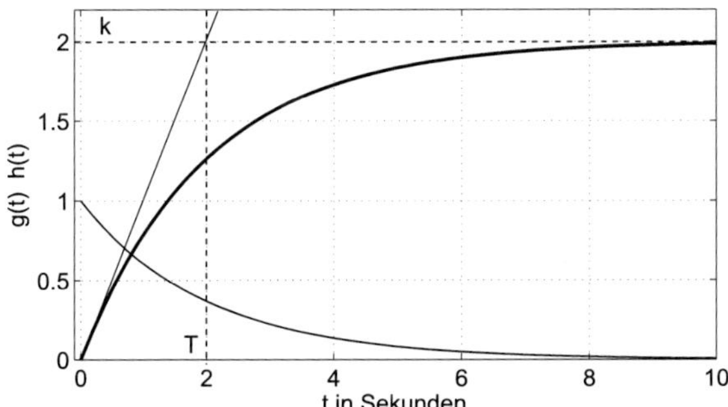

Abbildung 3.6: Übergangsfunktion $h(t)$ (dicke Linie) und Gewichtsfunktion $g(t)$ (dünne Linie) des PT_1-Gliedes.

Das PT_1-Glied besitzt einen Energiespeicher weshalb es durch eine Differentialgleichung

$$T\dot{x}_a(t) + x_a(t) = k \cdot x_e(t)$$

erster Ordnung beschrieben wird.

Gleichbedeutend ist die Aussage, dass die Übertragungsfunktion den Grad Eins besitzt. Setzt man in der Übertragungsfunktion $s = j\omega$, dann erhält man den Frequenzgang

$$G(j\omega) = \frac{k}{1 + j\omega T}$$

des PT_1-Gliedes. Abbildung 3.7 zeigt die zugehörige Ortskurve. Diese verbleibt in einem Quadranten, was wiederum auf ein System mit einem Energiespeicher hinweist. Betrachtet man den Verlauf der Zeiger der Ortskurve mit steigender Frequenz, so wird deutlich, dass diese eine Phasendrehung von 0° nach −90° vornehmen, wobei die Zeigerlänge gegen Null geht. Die Amplitude des Ausgangssignals wird also mit steigender Frequenz immer stärker gedämpft.

Das ist das typische Verhalten eines Tiefpasses – und um nichts anderes handelt es sich beim PT_1-Glied als um das mathematische Modell eines passiven Tiefpasses 1. Ordnung, wie er beispielsweise durch ein RC-Glied realisiert wird.

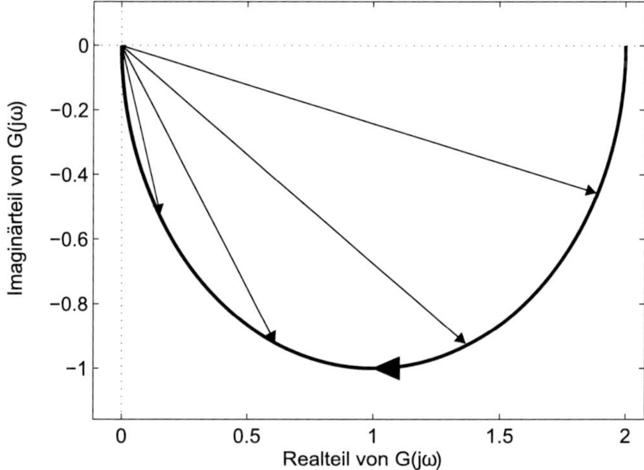

Abbildung 3.7: Die Ortskurve des Frequenzgangs eines PT_1-Gliedes.

■ Beispiel

Als Beispiel für die Realisierung eines PT_1-Gliedes soll ein RC-Netzwerk betrachtet werden. Hierbei wird angenommen, dass am Ausgang der Schaltung kein Verbraucher angeschlossen ist. Damit fließt durch den ohmschen Widerstand, und den Kondensator der gleiche Strom $i(t)$. Im Folgenden soll anhand der Differentialgleichung und der Übertragungsfunktion gezeigt werden, dass das RC-Netzwerk PT_1-Verhalten aufweist.

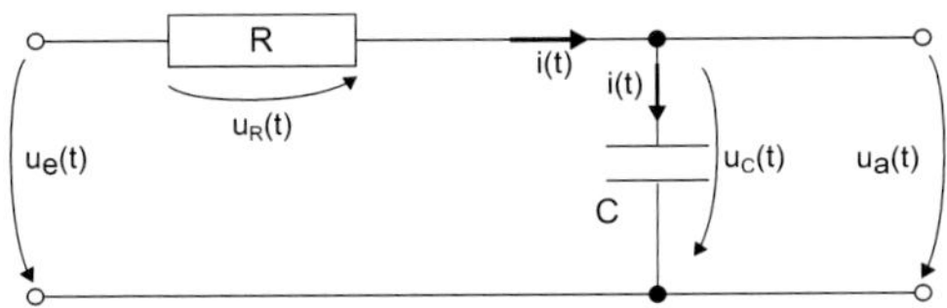

Zunächst werden die Gleichungen der linken und der rechten Masche aufgestellt:

linke Masche:	rechte Masche:
$u_e(t) = u_R(t) + u_a(t)$	$u_a(t) = u_C(t) = \frac{1}{C}\int i(t)\,\mathrm{d}t$
$u_e(t) = R \cdot i(t) + u_a(t)$	$\dot{u}_a(t) = \frac{1}{C} \cdot i(t)$
	$i(t) = C \cdot \dot{u}_a(t)$

Das Ziel der Rechnung ist das Aufstellen einer Differentialgleichung, in der nur noch die Eingangsgröße und die Ausgangsgröße des Systems vorkommen. Deshalb muss $i(t)$ in der Gleichung der linken Masche durch die Gleichung der rechten Masche ersetzt werden. Damit erhält man mit

$$RC \cdot \dot{u}_a(t) + u_a(t) = u_e(t)$$

eine Differentialgleichung 1. Ordnung. Das konnte erwartet werden, da die Ordnung der Differentialgleichung immer der Anzahl der Energiespeicher im System entspricht, und im Netzwerk ein Kondensator vorhanden ist. Vergleicht man die erhaltene Differentialgleichung mit der Differentialgleichung

$$T\dot{x}_a(t) + x_a(t) = k \cdot x_e(t)$$

des PT_1-Gliedes, dann erkennt man, dass die Strukturen der beiden Gleichungen übereinstimmen. Die Zeitkonstante hat den Wert $T = RC$, und die Verstärkung k den Wert 1. Damit lässt sich auch die Übertragungsfunktion

$$G(s) = \frac{1}{1 + RCs}$$

des RC-Netzwerkes angeben.

3.5 Verzögerungsglied 2. Ordnung

Ein System, welches zwei Energiespeicher besitzt, und durch ein vollständiges Nennerpolynom modelliert werden kann, bezeichnet man als Verzögerungsglied zweiter Ordnung, oder PT_2-Glied. Beispiele sind das Federpendel, und der RLC-Reihenschwingkreis.

Die Übertragungsfunktion des PT_2-Gliedes lautet

$$G(s) = \frac{k}{T^2 s^2 + 2DTs + 1}.$$

Die zugehörige Differentialgleichung ist

$$T^2 \ddot{x}_a(t) + 2DT\dot{x}_a(t) + x_a(t) = k \cdot x_e(t).$$

Das PT_2-Glied besitzt die drei Parameter

k :	Verstärkung,
T :	Periodendauer der Eigenkreisfrequenz des Systems und
D :	Dämpfung des Systems.

Die Verstärkung k hat die gleiche Bedeutung wie beim P- und beim PT_1-Glied. Der Parameter T wird auch als Zeitkonstante bezeichnet, hat aber die physikalische Bedeutung der Periodendauer der Eigenkreisfrequenz $\omega_0 = 2\pi \cdot f_0$ des Systems.

Zur Erklärung: Lässt man ein ausgelenktes Fadenpendel los, schwingt es mit der Eigenfrequenz f_0.

Ein PT_2-System wird in der Praxis immer durch zwei Energiespeicher realisiert. Befinden sich zwei unterschiedliche Energiespeicher im System, kann Energie so ausgetauscht werden, dass es zu einer Schwingung kommt. Ob das System tatsächlich schwingt, hängt aber von der Dämpfung ab, die für die Schwingungsfähigkeit einen Wert $0 < D < 1$ annehmen muss. Gleichbedeutend ist die Aussage: Das System ist schwingungsfähig, wenn die Übertragungsfunktion konjugiert-komplexe Polstellen besitzt.

Weiterführende Betrachtung: Der zugehörige Ansatz zur Partialbruchzerlegung enthält trigonometrische Funktionen, wodurch die Schwingungsfähigkeit auch mathematisch in der Gewichtsfunktion $g(t)$ und der Übergangsfunktion $h(t)$ sichtbar wird.

Weitere Darstellungsformen des PT_2:

1. Ebenfalls üblich ist die Verwendung der Eigenkreisfrequenz

$$\omega_0 = \frac{1}{T}$$

anstelle von T. Damit erhält man für die Übertragungsfunktion

$$G(s) = \frac{k}{\frac{1}{\omega_0^2}s^2 + \frac{2D}{\omega_0}s + 1}$$

und für die Differentialgleichung

$$\frac{1}{\omega_0^2} \cdot \ddot{x}_a(t) + \frac{2D}{\omega_0} \cdot \dot{x}_a(t) + x_a(t) = k \cdot x_e(t).$$

2. Die Reihenschaltung von zwei PT_1 Gliedern

$$G_1(s) = \frac{k_1}{1 + sT_1}$$

und

$$G_2(s) = \frac{k_2}{1 + sT_2}$$

ergibt immer ein nichtschwingungsfähiges PT_2-Glied

$$G_3(s) = \frac{k_1}{(1 + sT_1)} \frac{k_2}{(1 + sT_2)} = \frac{k_3}{s^2 T_1 T_2 + s(T_1 + T_2) + 1}, \; k_3 = k_1 \cdot k_2.$$

Diese Variante des PT_2 ist nicht schwingungsfähig, da die Übertragungsfunktion immer reelle Polstellen besitzt. Unabhängig von der technischen Realisierung des Systems, liegen diese bei

$$1 + sT_1 = 0, \; s_{01} = -\frac{1}{T_1}$$

und

$$1 + sT_2 = 0, \; s_{02} = -\frac{1}{T_2}.$$

Da die Verläufe der Gewichtsfunktion und der Übergangsfunktion beim Verzögerungsglied 2. Ordnung vom Wert der Dämpfung D abhängen, werden die möglichen Fälle einzeln dargestellt. Hier zunächst eine Übersicht der möglichen Übergangsfunktionen:

- Bei einer Dämpfung größer als Eins ist das System nicht schwingungsfähig, und zeigt aperiodisches Übergangsverhalten.

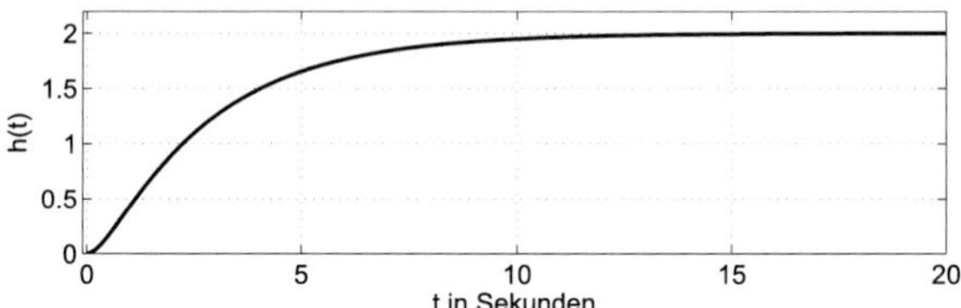

- Nimmt die Dämpfung genau den Wert Eins an, zeigt das System das schnellstmögliche aperiodische Übergangsverhalten, den aperiodischen Grenzfall.

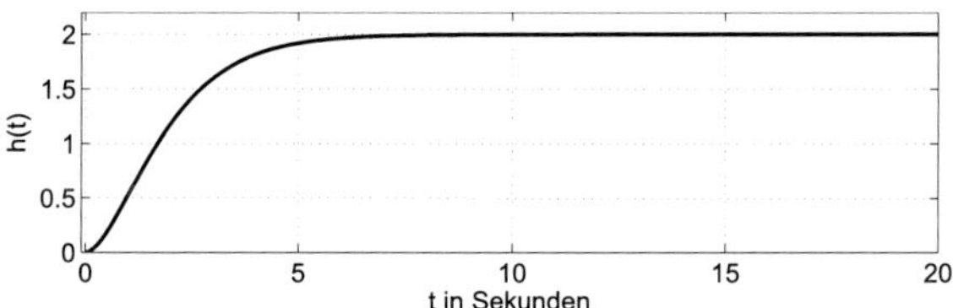

- Bei Dämpfungswerten kleiner als Eins und größer als Null führt das System eine gedämpfte Schwingung aus.

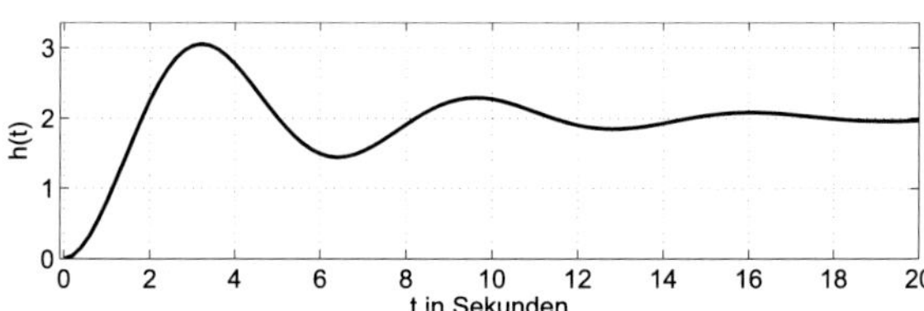

- Ist die Dämpfung Null, führt das System eine Dauerschwingung aus.

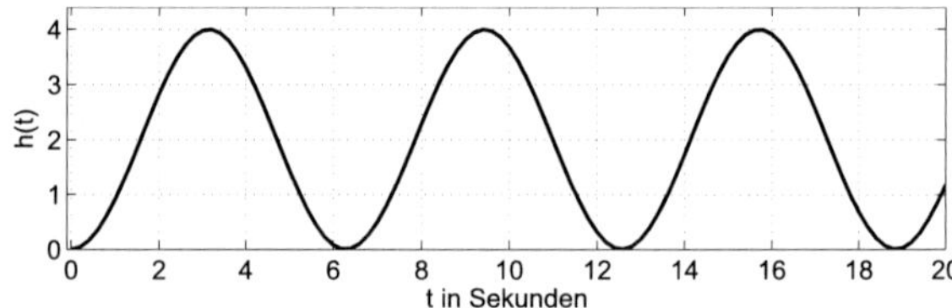

Fall 1, $D > 1$
Das System reagiert mit einem aperiodischen Verlauf der Ausgangsgröße.

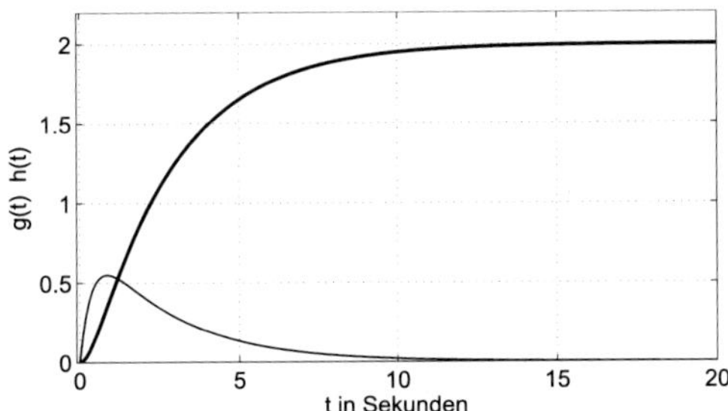

Abbildung 3.8: Die Übergangsfunktion (dicke Linie) zeigt einen aperiodischen Verlauf. Die Gewichtsfunktion (dünne Linie) zeigt den zeitverzögerten Abbau des Eingangsimpulses.

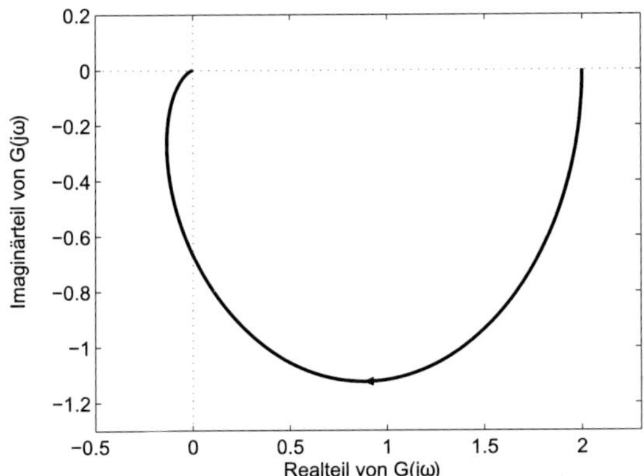

Abbildung 3.9: Die Ortskurve des Frequenzgangs durchläuft bei einem System 2. Ordnung zwei Quadranten.

Fall 2, $D = 1$
Das System reagiert mit dem schnellstmöglichen aperiodischen Verlauf der Ausgangsgröße. Das bezeichnet man als aperiodischen Grenzfall.

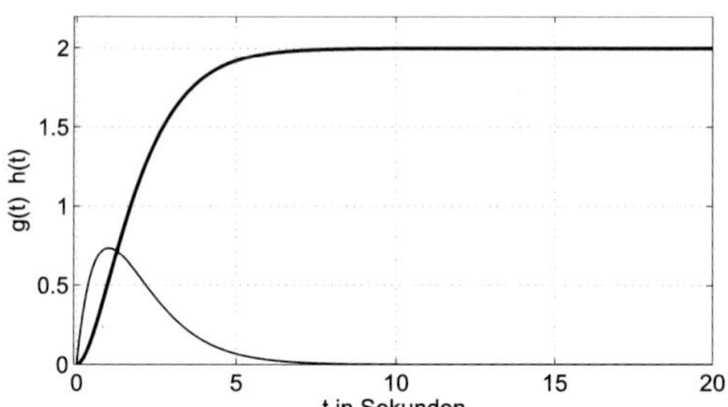

Abbildung 3.10: Im Fall $D = 1$ erhält man den schnellstmöglichen aperiodischen Verlauf von Übergangsfunktion (dicke Linie) und Gewichtsfunktion (dünne Linie).

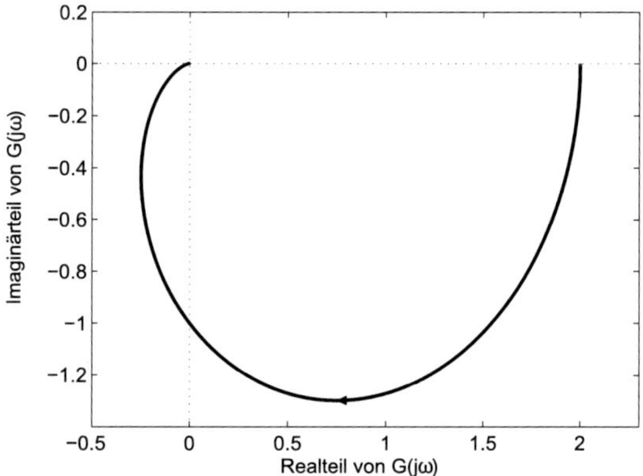

Abbildung 3.11: Die Ortskurve des Frequenzgangs durchläuft bei einem System 2. Ordnung zwei Quadranten.

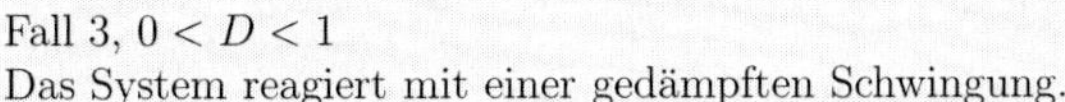

Fall 3, $0 < D < 1$
Das System reagiert mit einer gedämpften Schwingung.

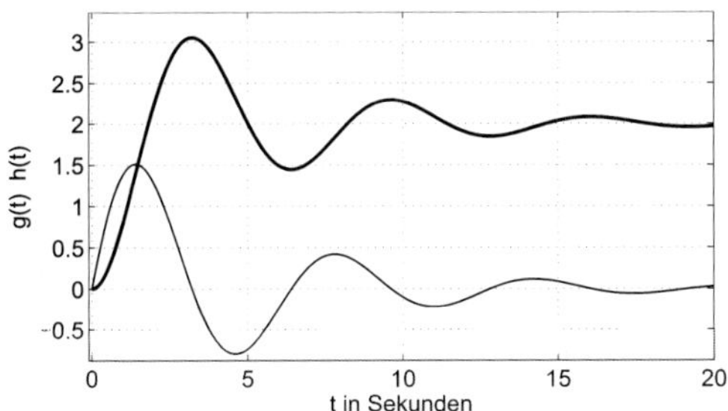

Abbildung 3.12: Im Bereich $0 < D < 1$ ist das PT_2-System schwingungsfähig. Demzufolge sind die Übergangsfunktion (dicke Linie) und die Gewichtsfunktion (dünne Linie) gedämpfte Schwingungen.

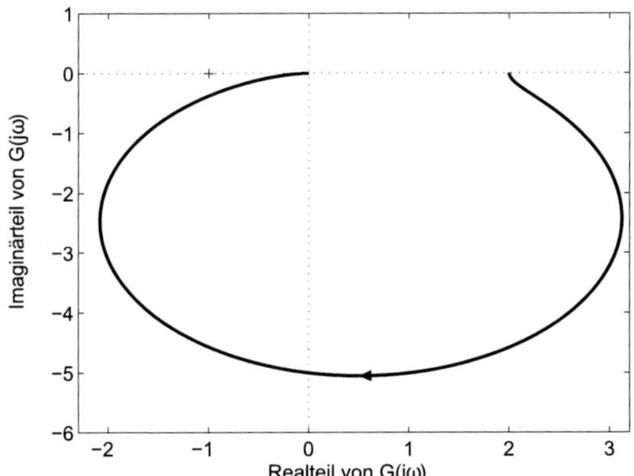

Abbildung 3.13: Die Ortskurve des Frequenzgangs durchläuft bei einem System 2. Ordnung zwei Quadranten. Man beachte die Form der Ortskurve im Vergleich zum nicht-schwingungsfähigen System.

Fall 4: $D = 0$
Das System reagiert mit einer Dauerschwingung.

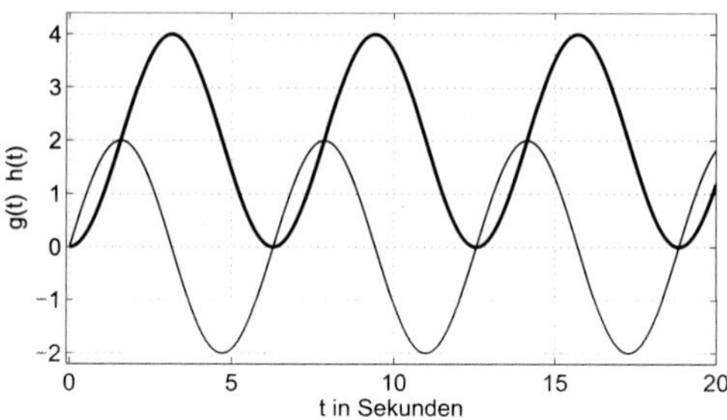

Abbildung 3.14: Der Wert $D = 0$ bedeutet, dass das System keine Dämpfung aufweist. Demzufolge liefern Übergangsfunktion (dicke Linie) und Gewichtsfunktion (dünne Linie) eine Dauerschwingung.

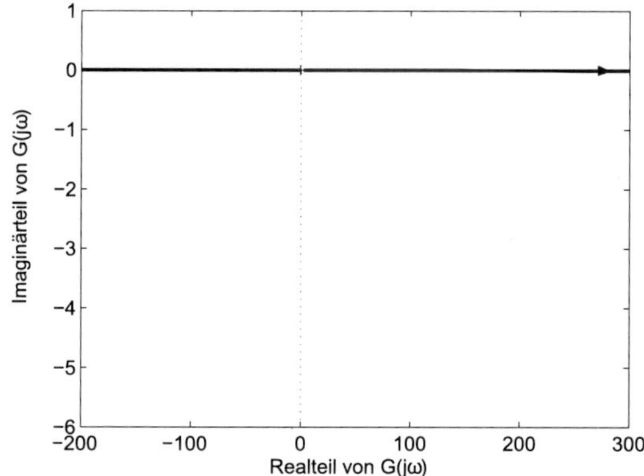

Abbildung 3.15: Für eine Dämpfung mit dem Wert Null erhält man den gezeigten Verlauf der Ortskurve des Frequenzgangs bei dem sich Anfang und Ende der Ortskurve im Unendlichen begegnen.

■ Beispiel

Als Beispiel für die Realisierung eines PT_2-Gliedes soll ein RLC-Netzwerk betrachtet werden. Hierbei wird angenommen, dass am Ausgang der Schaltung kein Verbraucher angeschlossen ist. Damit fließt durch alle Bauelemente der gleiche Strom $i(t)$. Im Folgenden soll anhand der Differentialgleichung und der Übertragungsfunktion gezeigt werden, dass das RLC-Netzwerk PT_2-Verhalten aufweist.

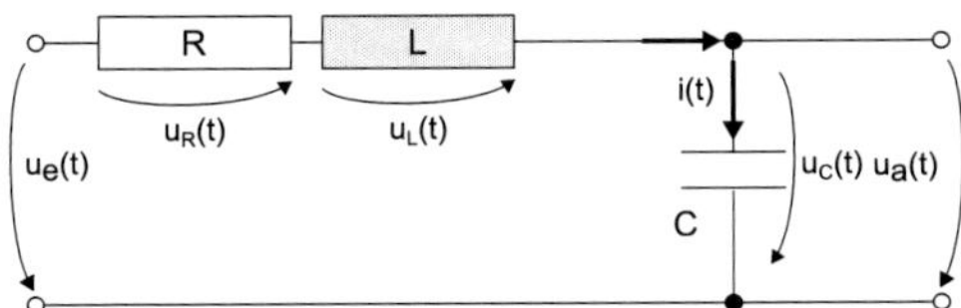

Zunächst werden die Gleichungen der linken und der rechten Masche aufgestellt:

linke Masche:	rechte Masche:
$u_e(t) = u_R(t) + u_L(t) + u_a(t)$	$u_a(t) = u_C(t) = \frac{1}{C}\int i(t)\,\mathrm{d}t$
$u_e(t) = R \cdot i(t) + L\frac{\mathrm{d}i}{\mathrm{d}t} + u_a(t)$	$\dot{u}_a(t) = \frac{1}{C} \cdot i(t)$
	$i(t) = C \cdot \dot{u}_a(t)$

Das Ziel der Rechnung ist das Aufstellen einer Differentialgleichung, in der nur noch die Eingangsgröße und die Ausgangsgröße des Systems vorkommen. Deshalb muss $i(t)$ in der Gleichung der linken Masche durch die Gleichung

$$i(t) = C \cdot \dot{u}_a(t)$$

der rechten Masche ersetzt werden. Leitet man diese Gleichung nach der Zeit ab, erhält man außerdem die Gleichung für

$$\frac{\mathrm{d}i(t)}{\mathrm{d}t} = C \cdot \ddot{u}_a(t).$$

Beide Gleichungen in die linke Masche eingesetzt ergeben die gesuchte Differentialgleichung

$$LC\ddot{u}_a(t) + RC\dot{u}_a(t) + u_a(t) = u_e(t)$$

des RLC-Gliedes. Es handelt sich um eine Differentialgleichung 2. Ordnung. Das ist plausibel, da die Ordnung der Differentialgleichung immer der Anzahl der Energiespeicher im System entspricht, und im Netzwerk ein Kondensator und eine Spule vorhanden sind.

Vergleicht man die erhaltene Differentialgleichung

$$LC\ddot{u}_a(t) + RC\dot{u}_a(t) + u_a(t) = u_e(t)$$

mit der Differentialgleichung

$$T^2\ddot{x}_a(t) + 2DT\dot{x}_a(t) + x_a(t) = k \cdot x_e(t)$$

des PT_2-Gliedes, erkennt man, dass beide Gleichungen übereinstimmen.

Die Differentialgleichung hat die Parameter

$$T = \sqrt{LC}$$

und

$$2DT = RC$$

sowie die Verstärkung $k = 1$. Damit lässt sich auch die Übertragungsfunktion

$$G(s) = \frac{1}{T^2s^2 + 2DTs + 1} = \frac{1}{LCs^2 + RCs + 1}$$

des RLC-Netzwerkes angeben.

Weiterführende Betrachtung

Aus den Parametern der Bauelemente lassen sich die Dämpfung D und die Eigenfrequenz f_0 des Systems berechnen. Mit

$$T = \frac{1}{\omega_0} = \frac{1}{2\pi f_0} = \sqrt{LC}$$

erhält man die Thomsonsche Schwingungsgleichung

$$f_0 = \frac{1}{2\pi\sqrt{LC}}$$

zur Berechnung der Eigenfrequenz.

Aus

$$2DT = RC$$

folgt

$$\frac{2D}{\omega_0} = 2D\sqrt{LC} = RC.$$

Mit

$$D = \frac{RC}{2\sqrt{LC}} = \frac{R}{2}\sqrt{\frac{C}{L}}$$

erhält man die Gleichung zur Berechnung der Dämpfung in Abhängigkeit von den Parametern der Bauelemente.

3.6 Totzeitglied

Beim Totzeitglied wird das Ausgangssignal aus dem zeitliche verschobenen Eingangssignal gebildet. Beispiele dafür sind Transportvorgänge auf Förderbändern oder strömende Medien in Rohrleitungen.

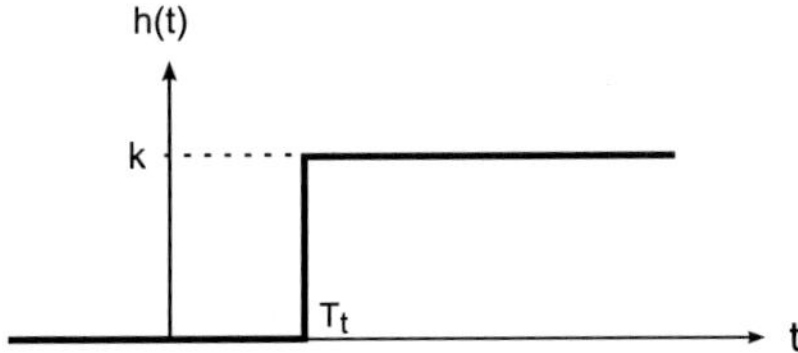

Abbildung 3.16: Prinzipskizze der Übergangsfunktion des Totzeitgliedes.

Das Totzeitglied besitzt als Parameter die Totzeit T_t und den Verstärkungsfaktor k. Im Zeitbereich wird das Totzeitglied durch die Gleichung

$$x_a(t) = kx_e(t - T_t)$$

beschrieben. Die Übertragungsfunktion

$$G(s) = ke^{-sT_t}$$

ist eine transzendente Funktion.

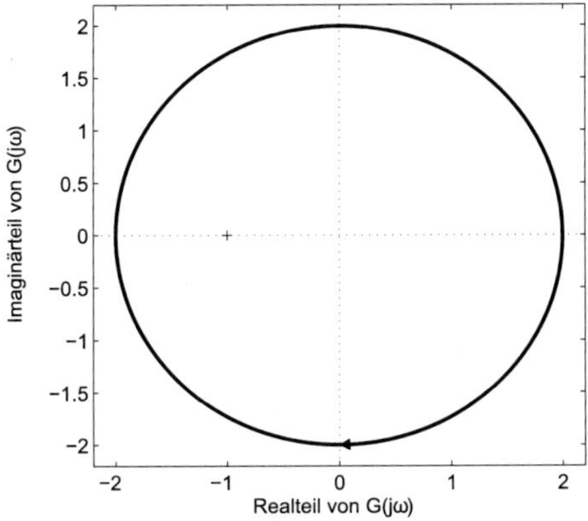

Abbildung 3.17: Die Ortskurve des Frequenzgangs des Totzeitgliedes ist ein Kreis mit dem Radius k.

3.7 Wichtige Kombinationen

Bisher wurden Übertragungsglieder vorgestellt, welche die Grundfunktionen

- Verstärkung: $G(s) = k$,
- Differentiation: $G(s) = sT_D$ und
- Integration: $G(s) = \frac{1}{sT_I}$

nachbilden. Durch Berücksichtigung einer Zeitverzögerung entstanden

- Verzögerungsglieder 1. Ordnung: $G(s) = \frac{k}{1+sT}$,
- nicht-schwingungsfähige Verzögerungsglieder 2. Ordnung
$$G(s) = \frac{k}{(1+sT_1)(1+sT_2)},$$
- und schwingungsfähige Verzögerungsglieder 2. Ordnung
$$G(s) = \frac{k}{s^2T^2+2DTs+1}, \quad 0 < D < 1.$$

Die zeitliche Verschiebung eines Signals, wurde durch das sogenannte Totzeitglied

$$G(s) = ke^{-sT_t}$$

berücksichtigt.

Durch Kombination dieser Grundübertragungsglieder lassen sich nahezu *alle* linearen Systeme, und damit alle linearen Regelstrecken, mathematisch nachbilden. Die additive Verknüpfung von P- I- und D- Übertragungsglied führt zum mathematischen Modell des PID-Reglers und wird in Abschnitt 4.2 behandelt. An dieser Stelle beschränken wir uns auf die Reihenschaltung der Grundübertragungsglieder. Hierbei gilt immer:

> Schaltet man Übertragungsglieder in Reihe, werden die Übertragungsfunktionen multipliziert.

Im Folgenden wird eine Auswahl dieser Kombinationen vorgestellt. Die Kommentierung ist bewusst sparsam gehalten, um an dieser Stelle ein Selbststudium der gezeigten Effekte anzuregen. Dieses wird besonders effektiv, wenn man die gezeigten Ortskurven bei der Erarbeitung des Unterabschnitts 4.5.2 „Das Nyquist-Verfahren“ einbezieht.

Das DT_1-Übertragungssystem

Das DT_1-Übertragungssystem entsteht durch die Reihenschaltung eines D- und eines PT_1-Gliedes. Dadurch ist im Gegensatz zum reinen D-Glied eine technische Realisierung der Differentiation möglich.

Übertragungsfunktion: $G(s) = k\,T_D\,\dfrac{s}{1+Ts}$

Differentialgleichung: $T\dot{x}_a(t) + x_a(t) = k\,T_D\,\dot{x}_e(t)$

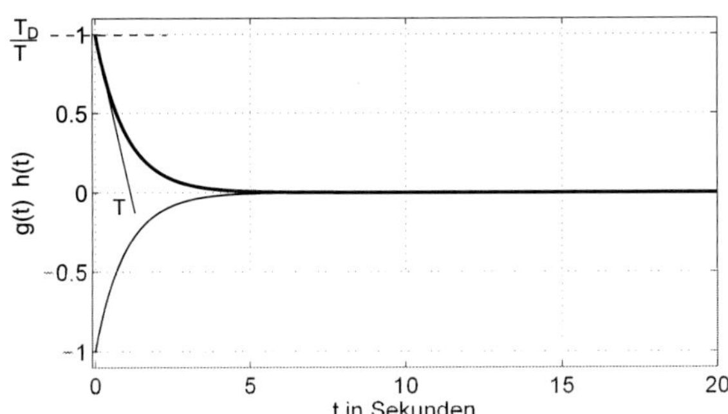

Abbildung 3.18: Die Übergangsfunktion (dicke Linie) und die Gewichtsfunktion (dünne Linie) des DT_1-Gliedes.

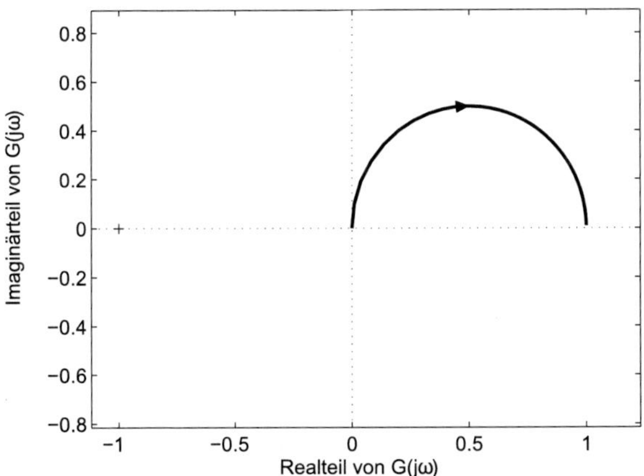

Abbildung 3.19: Ortskurve des Frequenzgangs des DT_1-Gliedes.

Das $\mathrm{IT_1}$-Übertragungssystem

Das $\mathrm{IT_1}$-Übertragungssystem entsteht durch die Reihenschaltung eines I- und eines $\mathrm{PT_1}$-Gliedes. Dadurch erfolgt die Integration zeitverzögert.

Übertragungsfunktion: $G(s) = \dfrac{k}{sT_I\,(Ts+1)} = \dfrac{k}{T_I T s^2 + T_I s}$

Differentialgleichung: $T_I T \ddot{x}_a(t) + T_I \dot{x}_a(t) = k \cdot x_e(t)$

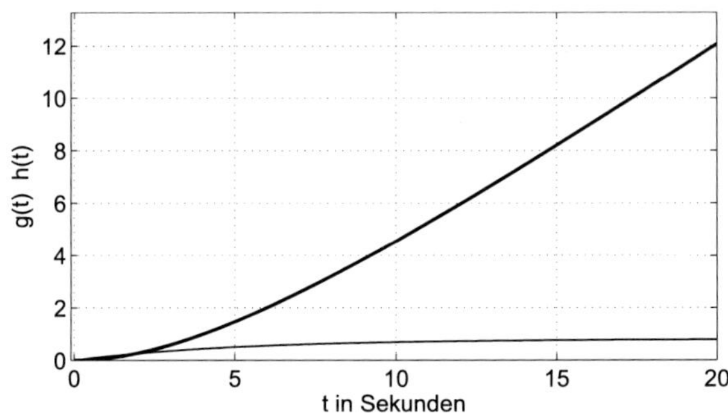

Abbildung 3.20: Die Übergangsfunktion (dicke Linie) und die Gewichtsfunktion (dünne Linie) des $\mathrm{IT_1}$-Gliedes.

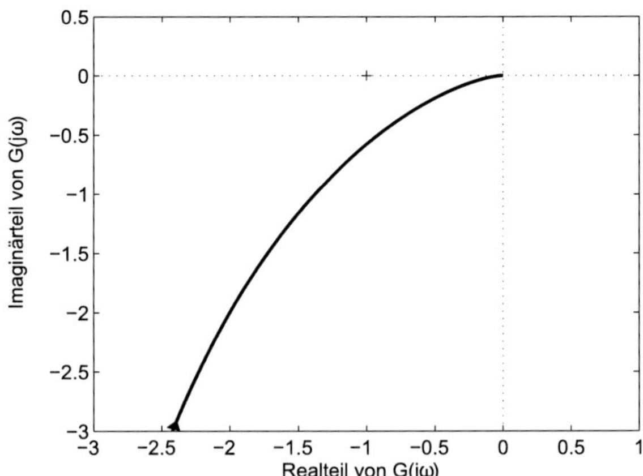

Abbildung 3.21: Ortskurve des Frequenzgangs des $\mathrm{IT_1}$-Gliedes.

Das nichtschwingungsfähige IT_2-Übertragungssystem

Das nicht-schwingungsfähige IT_2-Übertragungssystem entsteht durch die Reihenschaltung eines I- und eines nicht schwingungsfähigen PT_2-Gliedes. Dadurch erfolgt die Integration zeitverzögert.

Übertragungsfunktion:
$$G(s) = \frac{k}{sT_I(1+sT_1)(1+sT_2)} = \frac{k}{T_IT_1T_2s^3 + T_I(T_1+T_2)s^2 + T_Is}$$

Differentialgleichung:
$$T_IT_1T_2\dddot{x}_a(t) + T_I(T_1+T_2)\ddot{x}_a(t) + T_I\dot{x}_a(t) = k \cdot x_e(t)$$

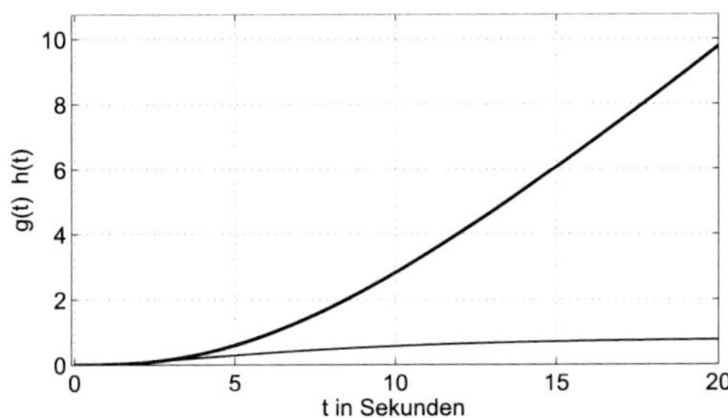

Abbildung 3.22: Die Übergangsfunktion (dicke Linie) und die Gewichtsfunktion (dünne Linie) des nicht-schwingungsfähigen IT_2-Gliedes.

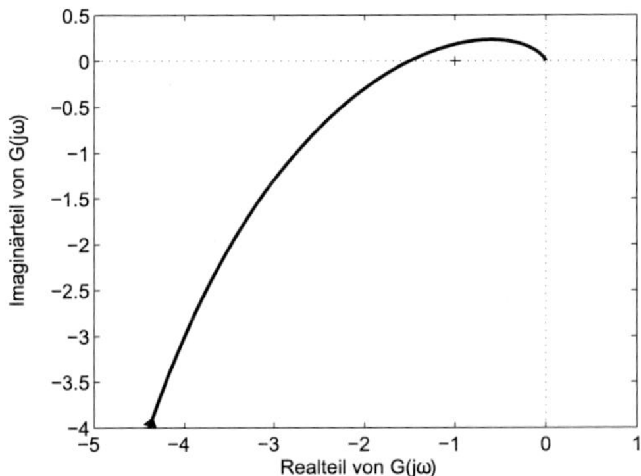

Abbildung 3.23: Ortskurve des Frequenzgangs des nicht-schwingungsfähigen IT_2.

Das schwingungsfähige IT_2-Übertragungssystem

Das schwingungsfähige IT_2-Übertragungssystem entsteht durch die Reihenschaltung eines I- und eines schwingungsfähigen PT_2-Gliedes mit $0 < D < 1$. Dadurch erfolgt die Integration zeitverzögert.

Übertragungsfunktion: $G(s) = \dfrac{k}{sT_I\left(T^2s^2 + 2DTs + 1\right)}, \quad 0 < D < 1$

Differentialgleichung: $T_I T^2 \cdot \dddot{x}_a(t) + 2DTT_I \cdot \ddot{x}_a(t) + T_I \cdot \dot{x}_a(t) = k \cdot x_e(t)$

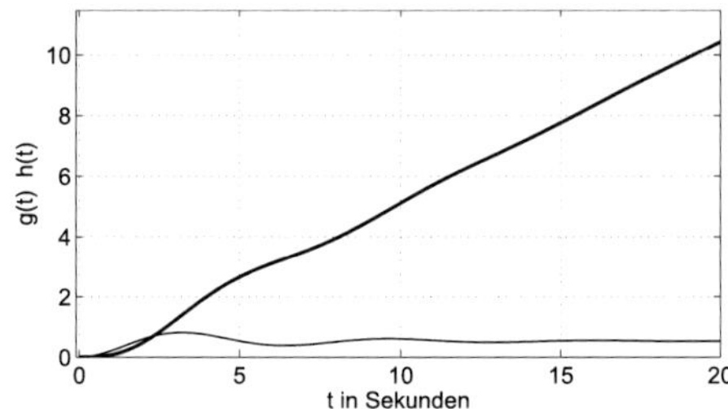

Abbildung 3.24: Die Übergangsfunktion (dicke Linie) und die Gewichtsfunktion (dünne Linie) des schwingungsfähigen IT_2-Gliedes.

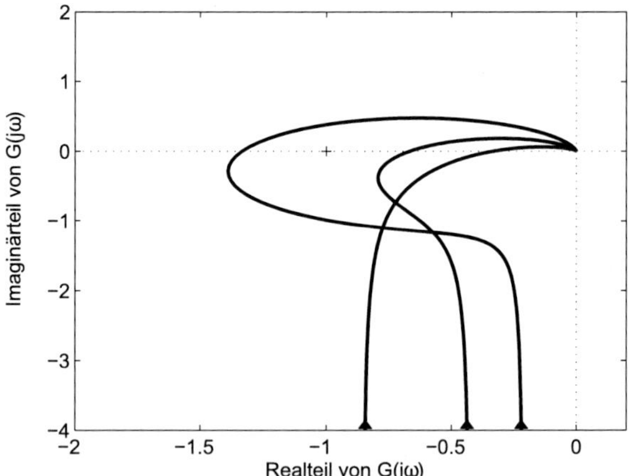

Abbildung 3.25: Ortskurve des Frequenzgangs des schwingungsfähigen IT_2-Gliedes für unterschiedliche Dämpfungen $D = 0,2; 0,4; 0,8$. Je geringer die Dämpfung, umso mehr weicht die Form der Ortskurve von der nicht-schwingungsfähigen des IT_2-Variante ab.

Das nicht-schwingungsfähige PT_3-Übertragungssystem

Ein nicht-schwingungsfähiges PT_3-Übertragungssystem entsteht durch die Reihenschaltung von drei PT_1-Gliedern.

Übertragungsfunktion: $G(s) = \dfrac{k}{(1 + sT_1)(1 + sT_2)(1 + sT_3)}$

$$G(s) = \frac{k}{T_1 T_2 T_3 s^3 + (T_1 T_2 + T_1 T_3 + T_2 T_3) s^2 + (T_1 + T_2 + T_3) s + 1}$$

Differentialgleichung:

$$T_1 T_2 T_3 \dddot{x}_a(t) + (T_1 T_2 + T_1 T_3 + T_2 T_3) \ddot{x}_a(t) + (T_1 + T_2 + T_3) \dot{x}_a(t) + 1 = k x_e(t)$$

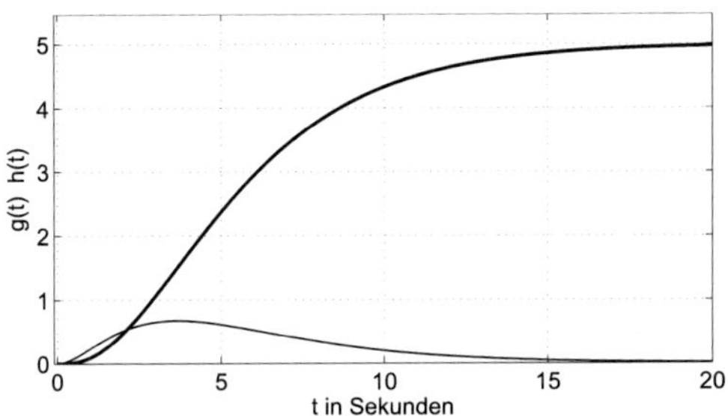

Abbildung 3.26: Die Übergangsfunktion (dicke Linie) und die Gewichtsfunktion (dünne Linie) des nicht-schwingungsfähigen PT_3-Gliedes.

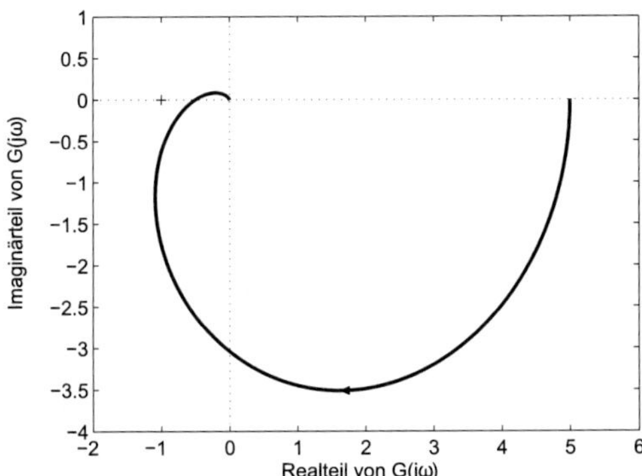

Abbildung 3.27: Ortskurve des Frequenzgangs des nicht-schwingungsfähigen PT_3.

Das schwingungsfähige PT_3-Übertragungssystem

Ein schwingungsfähiges PT_3-Übertragungssystem entsteht durch die Reihenschaltung eines PT_1-Gliedes mit einem schwingungsfähigen PT_2-Glied.

Übertragungsfunktion: $G(s) = \dfrac{k}{(1+sT_1)(T^2s^2+2DTs+1)}, \quad 0 < D < 1$

$$G(s) = \frac{k}{T^2T_1s^3 + T(2DT_1+T)s^2 + (2DT+T_1)s + 1}$$

Differentialgleichung:

$$T^2T_1 \cdot \dddot{x}_a(t) + T(2DT_1+T) \cdot \ddot{x}_a(t) + (2DT+T_1) \cdot \dot{x}_a(t) + x_a(t) = kx_e(t)$$

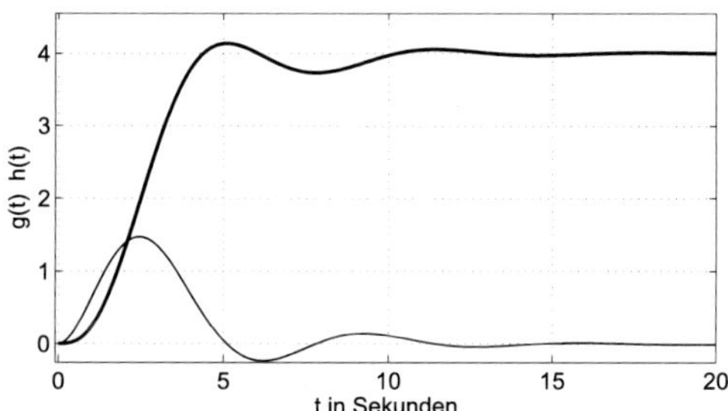

Abbildung 3.28: Die Übergangsfunktion (dicke Linie) und die Gewichtsfunktion (dünne Linie) des schwingungsfähigen PT_3-Gliedes.

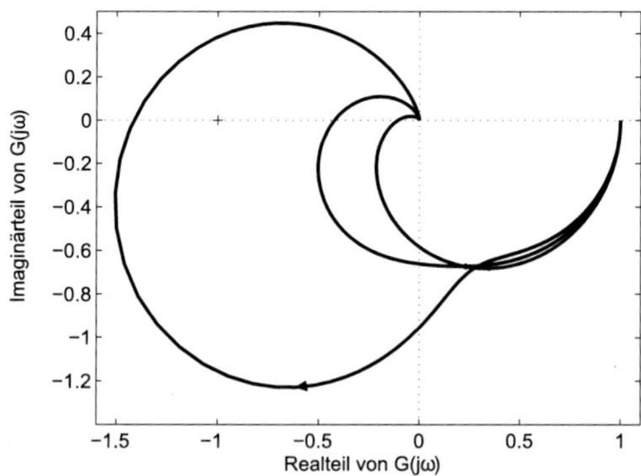

Abbildung 3.29: Ortskurve des Frequenzgangs des schwingungsfähigen PT_3-Gliedes für unterschiedliche Dämpfungen. Von außen nach innen, $D = 0,1; 0,3; 0,9$.

Das PT_1T_t-Übertragungssystem

Ein PT_1T_t-Übertragungssystem entsteht durch die Reihenschaltung eines Totzeitgliedes mit einem PT_1-Glied.

Die Übertragungsfunktion des Totzeitgliedes wird wie alle Übertragungsfunktionen multiplikativ verknüpft. Für ein PT_1-Glied mit Totzeit erhält man

$$G(s) = \frac{k}{1 + sT} \cdot e^{-sT_t}.$$

Die zugehörige Differentialgleichung entspricht der Differentialgleichung des PT_1-Gliedes mit der entsprechenden Zeitverschiebung:

$$T\dot{x}_a(t) + x_a(t) = k \cdot x_e(t - T_t).$$

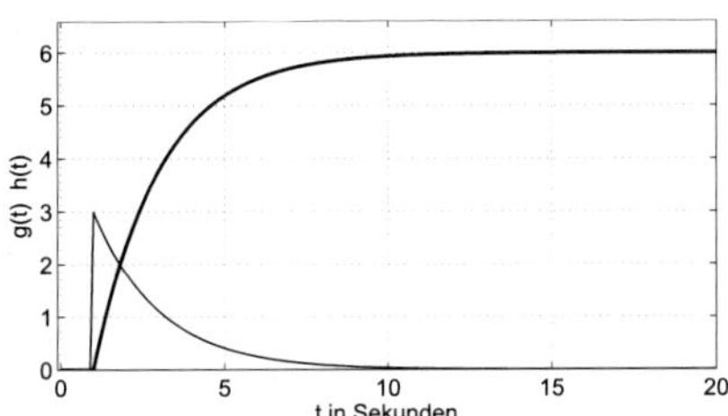

Abbildung 3.30: Die Übergangsfunktion (dicke Linie) und die Gewichtsfunktion (dünne Linie) eines PT_1-Gliedes mit einer Totzeit von 1 s.

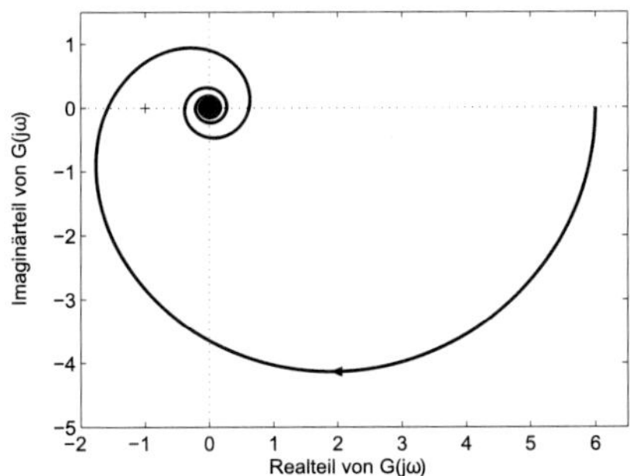

Abbildung 3.31: Ortskurve des Frequenzgangs des PT_1T_t-Gliedes.

4 Regelung linearer Regelstrecken

4.1 Aufbau und Wirkungsweise einer Regelung

Definition Regelung nach DIN 19226 Teil 1:

> Das Regeln/die Regelung ist ein Vorgang bei dem eine Größe, die zu regelnde Größe (Regelgröße), fortlaufend erfasst, mit einer anderen Größe, der Führungsgröße verglichen und im Sinne einer Angleichung an die Führungsgröße beeinflusst wird. Kennzeichen für das Regeln ist der geschlossene Wirkungsablauf, bei dem die Regelgröße im Wirkungsweg des Regelkreises fortlaufend sich selbst beeinflusst.

Die Wirkungsweise einer Regelung ergibt sich also aus fortwährendem Messen, Vergleichen und Stellen. Abbildung 4.1 zeigt in einem Blockschaltbild die Übertragungssysteme und Signale, die zur prinzipiellen Beschreibung des Regelvorgangs notwendig sind.

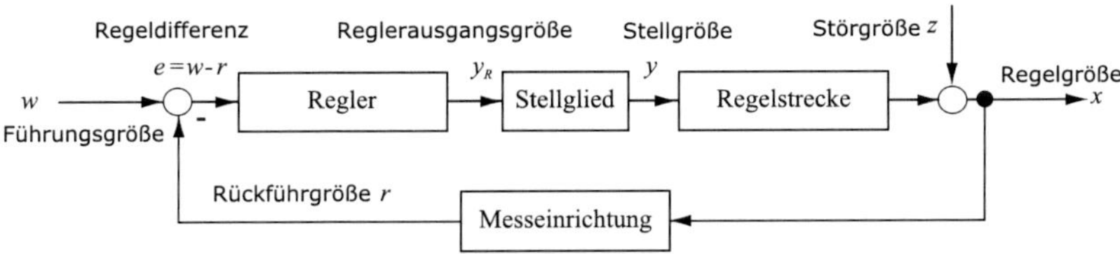

Abbildung 4.1: Prinzipielle Darstellung eines geregelten Systems.

Am Eingang des Regelkreises liegt die sogenannte Führungsgröße an. Diese wird vorgegeben, und legt fest welchen Wert die Regelgröße annehmen soll. Aus der Führungsgröße und dem aktuellen Wert der Regelgröße wird die Regeldifferenz berechnet. Der Regler hat dann die Aufgabe, aus der Regeldifferenz eine Reglerausgangsgröße zu berechnen, die auf das Stellglied so wirkt, dass die Regeldifferenz minimiert wird. Die Reglerausgangsgröße wird über das so genannte Stellglied an der Regelstrecke wirksam. Ein Beispiel für ein Stellglied ist ein elektrisch angetriebenes Ventil. Die Reglerausgangsgröße wäre in diesem Fall die Steuerspannung des Ventils, und die Stellgröße die Ventilstellung. Darüber hinaus können Stellglieder alle Arten von *Aktoren* sein. Die Reaktion der Regelstrecke auf die Stellgröße wird durch eine Messeinrichtung erfasst. Messeinrichtungen sind alle Arten von *Sensoren*. Eine Regelung muss außerdem in der Lage sein, die Wirkung von Störungen auszugleichen. Diese werden durch ein zusätzliches Signal am Streckenausgang berücksichtigt, verändern also die Regelgröße.

Für die Erarbeitung der grundlegenden Zusammenhänge wird der in Abbildung 4.2 gezeigte *Standardregelkreis* verwendet. Hierbei nimmt man vereinfachend an, dass der Messvorgang keine eigene Dynamik besitzt, und dass das Stellglied und der Regler in einer Übertragungsfunktion zusammengefasst sind.

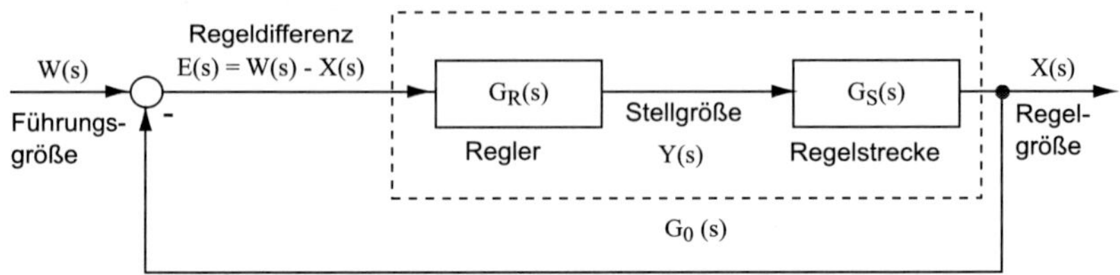

Abbildung 4.2: Blockschaltbild des Standard-Regelkreises.

Die Übertragungsfunktion

$$G_0\left(s\right) = G_R\left(s\right) \cdot G_S\left(s\right)$$

wird als Übertragungsfunktion des offenen Regelkreises bzw. der offenen Kette bezeichnet. Diese spezielle Übertragungsfunktion wird für das in Unterabschnitt 4.5.2 behandelte Nyquist-Kriterium verwendet. Mit Hilfe von $G_0\left(s\right)$ lässt sich außerdem die Übertragungsfunktion des geschlossenen Regelkreises berechnen.

Da der Regelkreis die Führungsgröße $W\left(s\right)$ in die Regelgröße $X\left(s\right)$ umwandelt, bezeichnet man diese Übertragungsfunktion mit

$$G_{WX}\left(s\right) = \frac{X\left(s\right)}{W\left(s\right)}.$$

Ausgangspunkt der Berechnung von $G_{WX}\left(s\right)$ ist die Darstellung von $G_0\left(s\right)$ mittels der Eingangsgröße von $G_0\left(s\right)$, also $E\left(s\right)$ und der Ausgangsgröße von $G_0\left(s\right)$, also $X\left(s\right)$. Mit der Definition der Übertragungsfunktion

$$G\left(s\right) = \frac{X_a\left(s\right)}{X_e\left(s\right)}$$

erhält man somit

$$G_0\left(s\right) = \frac{X\left(s\right)}{E\left(s\right)}.$$

Da für $G_{WX}\left(s\right)$ ein Term $X\left(s\right)/W\left(s\right)$ gesucht ist, wird mittels

$$E\left(s\right) = W\left(s\right) - X\left(s\right)$$

das $E\left(s\right)$ im Nenner ersetzt, und man erhält

$$G_0\left(s\right) = \frac{X\left(s\right)}{W\left(s\right) - X\left(s\right)}.$$

In diesem Term kommen als Signale nur noch $W(s)$ und $X(s)$ vor. Somit kann er in die gesuchte Form

$$G_{WX}(s) = \frac{X(s)}{W(s)}$$

umgeformt werden:

$$\begin{aligned}
G_0(s) &= \frac{X(s)}{W(s) - X(s)} \\
G_0(s)\,(W(s) - X(s)) &= X(s) \\
G_0(s)\,W(s) - G_0(s)\,X(s) &= X(s) \\
G_0(s)\,W(s) &= X(s) + G_0(s)\,X(s) \\
G_0(s)\,W(s) &= X(s)\,(1 + G_0(s)) \\
\frac{G_0(s)}{1 + G_0(s)} &= \frac{X(s)}{W(s)}
\end{aligned}$$

Somit erhält man mit

$$G_{WX}(s) = \frac{X(s)}{W(s)} = \frac{G_0(s)}{1 + G_0(s)}$$

die gesuchte Übertragungsfunktion des geschlossenen Regelkreises. Diese benötigt man für die Anwendung des in Unterabschnitt 4.5.1 behandelten Hurwitz-Kriteriums.

Zusammenfassung der Gleichungen am Standardregelkreis:

Die Übertragungsfunktion der offenen Kette

$$G_0(s) = G_R(s) \cdot G_S(s)$$

wird für die Stabilitätsuntersuchung mittels Nyquist-Kriterium in Unterabschnitt 4.5.2 verwendet.

Die Übertragungsfunktion des geschlossenen Regelkreises

$$G_{WX}(s) = \frac{G_0(s)}{1 + G_0(s)}$$

wird für die Stabilitätsuntersuchung mittels Hurwitz-Kriterium in Unterabschnitt 4.5.1 verwendet.

4.2 Der PID-Regler

Die Aufgabe des PID-Reglers ist es, aus der Regelabweichung eine Reglerausgangsgröße so zu berechnen, dass die Regelabweichung minimiert wird. Der P-Anteil macht die Regelung schnell, der I-Anteil macht die Regelung genau und der D-Anteil trägt zu Dämpfung von Schwingungen bei.

Namensgebend für den PID-Regler sind die drei Übertragungsglieder aus denen er zusammengesetzt ist. In Kapitel 3 wurden Modelle für die Realisierung von proportionalem, differenzierendem und integrierendem Verhalten linearer Regelstrecken vorgestellt. Damit lassen sich nicht nur Streckenmodelle, sondern auch Regler realisieren.

Nachfolgend sind die Kernaussagen zu den drei Bestandteilen des PID-Reglers zusammengefasst:

	P-Anteil
Wirkprinzip	Je größer die Regelabweichung ist, umso größer wird die Stellgröße.
Parameter	Je größer die Verstärkung V ist, umso schneller reagiert die Regelung.
Anwendung	Die Geschwindigkeit der Regelung kann beeinflusst werden.
Nachteil	Die Führungsgröße wird nicht erreicht.
	I-Anteil
Wirkprinzip	Solange eine Regelabweichung auftritt, wird die Stellgröße verändert.
Parameter	Je größer die Nachstellzeit T_N ist, umso langsamer erfolgt die Integration.
Anwendung	Die Regelung wird genauer.
Nachteil	Die Regelung wird langsamer.
	D-Anteil
Wirkprinzip	Je größer die Änderung der Regelabweichung ist, umso größer wird die Stellgröße.
Parameter	Je größer die Vorhaltzeit T_D ist, umso stärker wirkt die Differentiation. Je kleiner die Zeitkonstante T ist, umso schneller reagiert beim realen PID-Regler das D-Glied.
Anwendung	Schnelle Reaktion der Regelung, Schwingungen werden gedämpft.
Nachteil	Das Messrauschen wird verstärkt.

Das P-, das I- und das D- Glied sind hierbei parallel geschaltet, was zu einer Addition der Übertragungsfunktionen führt. Die Parameter k, T_D und T_I erhalten neue Bezeichnungen

Verstärkung k	$\longrightarrow$	Verstärkung V,
Differentiationszeitkonstante T_D	$\longrightarrow$	Vorhaltzeit T_V,
Integrationszeitkonstante T_I	$\longrightarrow$	Nachstellzeit T_N,

auf die in Kürze eingegangen wird. Abbildung zeigt 4.3 das Blockschaltbild.

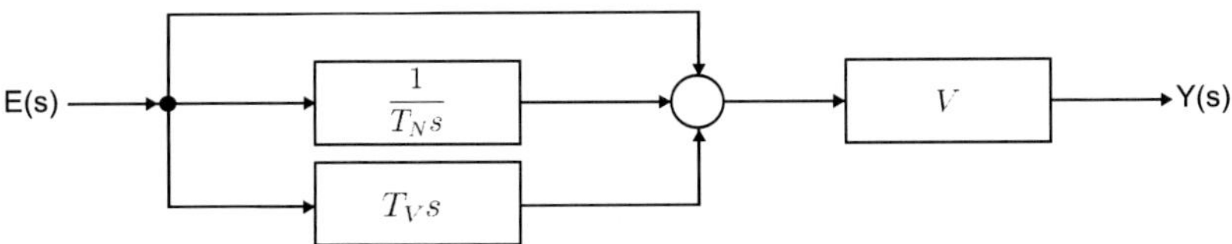

Abbildung 4.3: Blockschaltbild des idealen PID-Reglers. Eingangsgröße ist die Regelabweichung $E(s)$, Ausgangsgröße die Stellgröße $Y(s)$

Diese Struktur bezeichnet man als idealen PID-Regler, da eine ideale Differentiation verwendet wird. Zur Bestimmung der Übertragungsfunktion ist zu beachten, dass die obere „leere“ Signalleitung im Blockschaltbild, das Signal einfach nur weiterleitet, weshalb die Übertragungsfunktion an dieser Stelle $G(s) = 1$ lautet. Damit lässt sich die Übertragungsfunktion des idealen PID-Regler direkt aus dem Blockschaltbild ablesen. Sie lautet

$$G(s) = V\left(1 + \frac{1}{T_N s} + T_V s\right).$$

Zur Bestimmung der zugehörigen Differentialgleichung des PID-Reglers verwendet man die Definitionsgleichung der Übertragungsfunktion

$$G(s) = \frac{X_a(s)}{X_e(s)} = \frac{Y(s)}{E(s)} = V\left(1 + \frac{1}{T_N s} + T_V s\right).$$

Das Umstellen nach der Ausgangsgröße des Reglers ergibt

$$Y(s) = V\left(1 + \frac{1}{T_N s} + T_V s\right) E(s).$$

Für die Rücktransformation in den Zeitbereich kommen der Linearitätssatz, der Differentiationssatz und der Integrationssatz der Laplace-Transformation zur Anwendung, siehe Tabelle 1.2 in Abschnitt 1.2. Damit lautet die Differentialgleichung

$$y(t) = V\left(e(t) + \frac{1}{T_N}\int e(t)\,\mathrm{d}t + T_V \frac{\mathrm{d}}{\mathrm{d}t} e(t)\right).$$

Die Verstärkung und die Integration sind technisch so realisierbar, dass sie den mathematischen Modellen entsprechen. Eine Differentiation hingegen ist nicht ohne das Auftreten einer Verzögerung umsetzbar. Somit wird bei der praktischen Realisierung des PID-Reglers aus dem D-Anteil ein DT_1-Anteil, und man spricht jetzt von einem realen PID-Regler. Dieser wird durch das in Abbildung 4.4 gezeigte Blockschaltbild beschrieben.

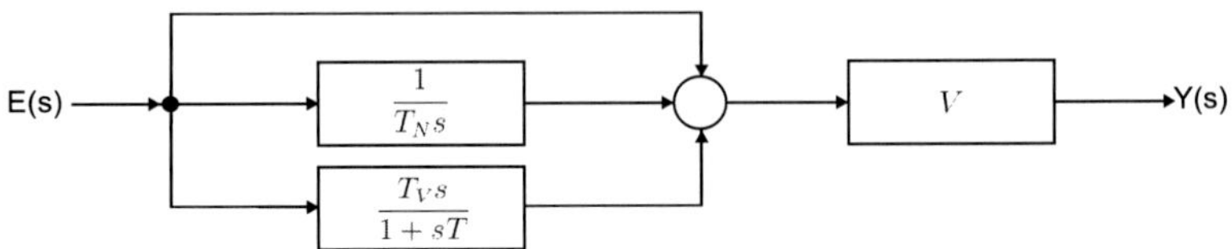

Abbildung 4.4: Blockschaltbild des realen PID-Reglers.

Alles zum idealen PID-Regler gesagte gilt sinngemäß, und man erhält als Übertragungsfunktion

$$G(s) = V\left(1 + \frac{1}{T_N s} + \frac{T_V s}{1 + sT}\right)$$

und als Differentialgleichung

$$T\frac{\mathrm{d}y(t)}{dt} + y(t) = V\left(\frac{T + T_N}{T_N}e(t) + \frac{1}{T_N}\int e(t)\,\mathrm{d}t + (T_V + T)\frac{\mathrm{d}}{dt}e(t)\right).$$

Neben dem vollständigen PID-Regler kommen auch Varianten zur Anwendung:

P-Regler	Schneller Regler, kommt zum Einsatz, wenn die Strecke einen I-Anteil besitzt, oder eine bleibende Regelabweichung toleriert werden kann.
I-Regler	Langsamer Regler, ermöglicht das Erreichen der Führungsgröße ohne Abweichungen.
PI-Regler	Vereinigt die Vorteile von P- und I-Regler, und gleicht deren Nachteile teilweise aus.
PD-Regler	Ein seltener verwendeter Regler, der zum Einsatz kommt, wenn eine starke Reaktion am Anfang, und dann P-Verhalten gewünscht ist.

Wie bereits angesprochen, erhalten die Parameter k, T_D und T_I bei einer Verwendung im Regler neue Bezeichnungen, die jetzt erläutert werden.

Die **Verstärkung** wird umbenannt, um Verwechslungen mit der Verstärkung der Regelstrecke zu vermeiden.

Zur Erläuterung des Begriffes der **Vorhaltzeit** wird mit Hilfe von Abbildung 4.5 folgendes Gedankenexperiment durchgeführt: Ein P-Glied und ein D-Glied bekommen als Eingangssignal eine Rampe. Das D-Glied bildet als Ausgangssignal die erste Ableitung des Eingangssignals, nimmt also sofort den Wert des Anstieges der Rampe an. Das P-Glied erzeugt am Ausgang wiederum eine Rampe.

Stellt man beide Ausgangssignale in einem Diagramm gemäß Abbildung 4.5 dar, erkennt man, dass das D-Glied sofort einen Wert annimmt, den das P-Glied erst nach einer Zeit T_V erreicht. Da das D-Glied *vor* dem P-Glied den Endwert erreicht, bezeichnet man diese Zeit als Vorhaltzeit.

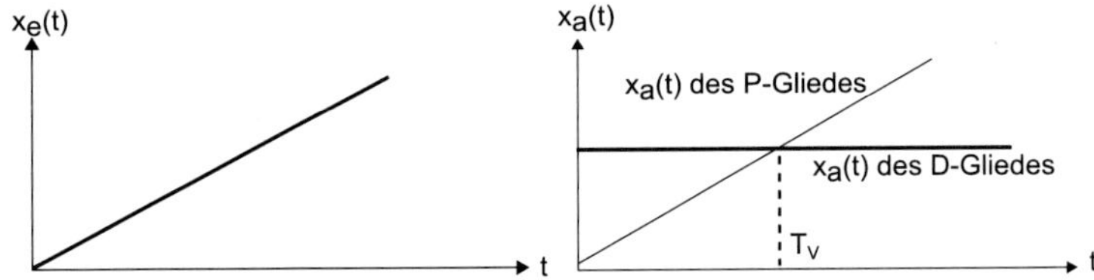

Abbildung 4.5: Grafische Erklärung der Vorhaltzeit T_V.

Zur Erläuterung des Begriffes der **Nachstellzeit** wird mit Hilfe von Abbildung 4.6 folgendes Gedankenexperiment durchgeführt: Ein P-Glied und ein I-Glied bekommen als Eingangssignal ein Sprungsignal. Das P-Glied erzeugt am Ausgang ebenfalls ein Sprungsignal. Das I-Glied integriert den Sprung, wodurch eine ansteigende Gerade, also ein Rampensignal ensteht.

Stellt man beide Ausgangssignale in einem Diagramm gemäß Abbildung 4.6 dar, erkennt man, dass das P-Glied sofort einen Wert annimmt, den des I-Glied erst nach einer Zeit T_N erreicht. Da das I-Glied *nach* dem P-Glied seinen Endwert erreicht, bezeichnet man diese Zeit als Nachstellzeit.

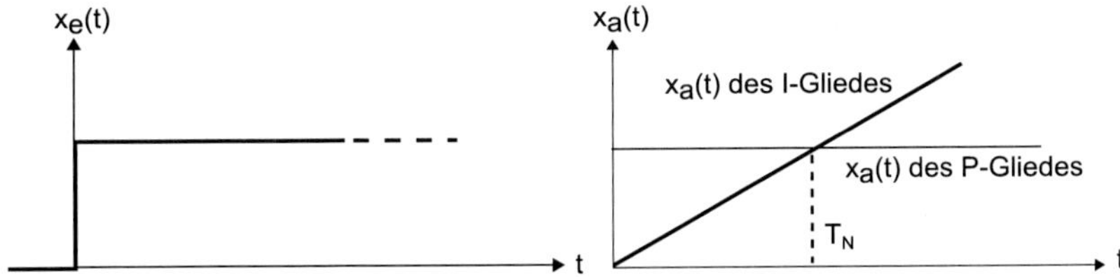

Abbildung 4.6: Grafische Erklärung der Nachstellzeit T_N.

4.3 Einstellung von PID-Reglern

Für die Einstellung von PID-Reglern wurden zahlreiche Methoden im Zeit-, und Frequenzbereich entwickelt. Regler sind heutzutage in der Lage, selbständig brauchbare Grundeinstellungen vorzunehmen, und im weiteren Verlauf des Regelvorgangs anzupassen. Nicht zuletzt werden Regler in der Praxis auf Grund von Erfahrungswerten eingestellt. Dennoch ist es notwendig, die Grundprinzipien der Reglereinstellung zu verstehen, nämlich genau dann, wenn die automatischen Verfahren keine optimalen Ergebnisse liefern, oder wenn der Aufwand für eine sich selbst einstellende Regelung zu hoch ist.

Um im Rahmen der bisher dargestellten Zusammenhänge zu bleiben, soll im Folgenden nur erklärt werden, wie die Reglerparameter direkt aus den Eigenschaften der Regelstrecke im Zeitbereich berechnet werden können.

Besprochen werden

- das Wendetangentenverfahren nach Ziegler und Nichols,
- die Einstellregeln nach Chien-Hrones-Reswick sowie
- die Stabilitätsrandmethode nach Ziegler und Nichols.

Abbildung 4.7 zeigt die Sprungantwort einer PT_1T_t-Regelstrecke mit Totzeit.

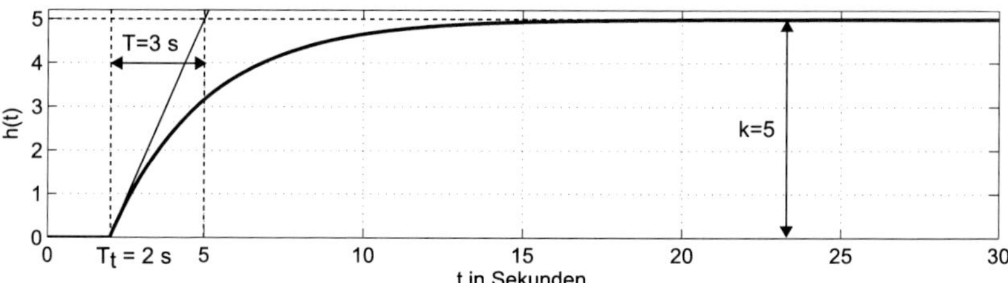

Abbildung 4.7: Sprungantwort einer PT_1T_t - Strecke.

Die zugehörige Übertragungsfunktion lautet

$$G(s) = \frac{k}{1+sT}e^{-T_t s} = \frac{5}{1+3s}e^{-2s}.$$

Für diese Art von Regelstrecken existieren eine Reihe von empirischen Einstellregeln. Diese lassen sich anwenden, wenn keine hohen Anforderungen an die Regelung gestellt werden, bzw. wenn zunächst nur prinzipiell funktionierende Reglerparameter als Ausgangspunkt für eine weitere Optimierung gefunden werden sollen.

Die Anwendbarkeit dieser Einstellregeln für andere Strecken wird möglich, wenn es sich um Strecken handelt, die sich durch ein PT_1T_t-System approximieren lassen.

Die Wendetangentenmethode nach Ziegler und Nichols

■ Beispiel

Für den in Abbildung 4.8 gezeigten Regelkreis, sind die Reglerparameter mit der Wendetangentenmethode nach Ziegler und Nichols zu ermitteln.

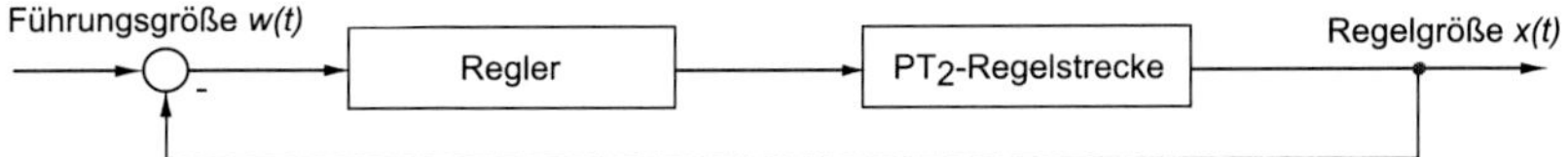

Abbildung 4.8: Beispiel-Regelkreis mit PT_2-Strecke.

Die PT_2-Regelstrecke mit der Übertragungsfunktion

$$G(s) = \frac{3}{(1+2s)(1+3s)}$$

soll durch ein PT_1T_t-Glied approximiert werden. Dafür wird zunächst die in Abbildung 4.9 gezeigte Sprungantwort der Strecke ermittelt.

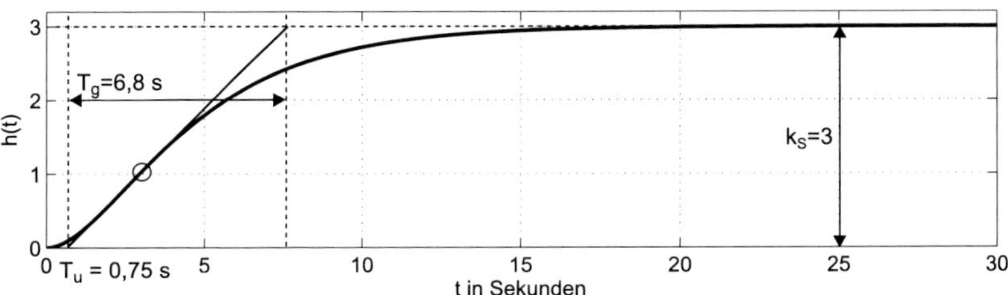

Abbildung 4.9: Sprungantwort der PT_2-Regelstrecke.

Hierbei entsprechen einander

die Ersatztotzeit	T_u des PT_2	der Totzeit T_t des PT_1T_t,
die Ersatzzeitkonstante	T_g des PT_2	der Zeitkonstante T des PT_1T_t,
die Ersatzverstärkung	k_S des PT_2	der Verstärkung k des PT_1T_t.

Die gegebene Übertragungsfunktion des PT_2-Gliedes wird also durch die Übertragungsfunktion

$$G(s) = \frac{k_S}{1+sT_g}\,e^{-sT_u} = \frac{3}{1+6,8s}\,e^{-0,75s}$$

approximiert. Die Parameter T_g und T_u werden gemäß Abbildung 4.9 aus einer *Tangente im Wendepunkt* der Sprungantwort ermittelt. Die Ersatzverstärkung k_S ergibt sich aus dem Quotienten zwischen stationärem Endwert und Eingangssprunghöhe.

Achtung! Im gezeigten Beispiel hatte die Eingangssprunghöhe den Wert Eins, weshalb k_S direkt ablesbar ist. Diese Vorgehensweise ist auf alle Strecken mit Ausgleich übertragbar.

Hat man die Ersatzparameter k_S, T_g und T_u der Regelstrecke ermittelt, lassen sich aus ihnen die Reglerparameter gemäß Tabelle 4.1 berechnen.

Tabelle 4.1: Berechnung der Reglerparameter V, T_N und T_V mit der Wendetangentenmethode nach Ziegler und Nichols, $\alpha = T_g/(K_S \cdot T_u)$.

	V	T_N	T_V
P	α	-	-
PI	$0,9\alpha$	$3,33T_u$	-
PID	$1,2\alpha$	$2T_u$	$0,5T_u$

Für das gewählte Beispiel mit $k_S = 3$, $T_g = 6,8$ und $T_u = 0,75$ erhält man mit der Wendetagentendemethode gemäß Tabelle 4.1 die in den Abbildungen 4.10 - 4.12 dargestellten Verläufe bei Verwendung eines P-, eines PI- und eines PID-Reglers.

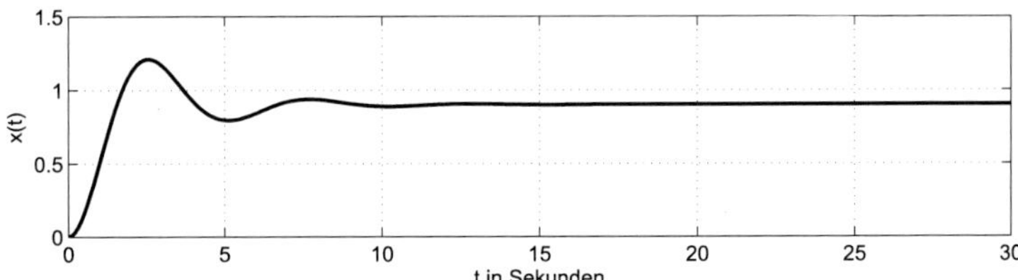

Abbildung 4.10: Verlauf der Regelgröße mit P-Regler, V = 3,02.

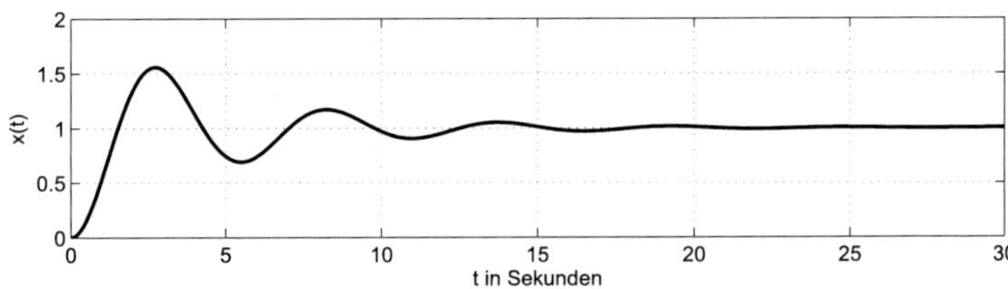

Abbildung 4.11: Verlauf der Regelgröße mit PI-Regler, V = 2,72, T_N = 2,5.

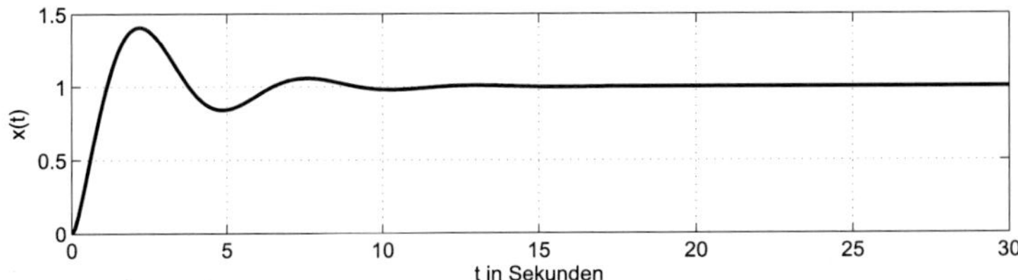

Abbildung 4.12: Regelgröße mit PID-Regler, V = 3,63, T_N = 1,5, T_V = 0,375.

Das Verfahren nach Chien, Hrones und Reswick für Strecken mit Ausgleich

Die Einstellregeln nach Chien, Hrones und Reswick gemäß Tabelle 4.2 sind eine Weiterentwicklung des Wendetagentenverfahrens von Ziegler und Nichols, und führen zu ähnlichen Ergebnissen. Die Voraussetzungen für die Anwendung des Verfahrens sind identisch mit denen für das Wendetagentenverfahren, und bestehen in der Bestimmung von T_g, T_u und K_S.

Tabelle 4.2: Berechnung der Reglerparameter V, T_N und T_V mit den Einstellregeln nach Chien, Hrones und Reswick für Regelstrecken mit Ausgleich, $\alpha = T_g/(K_S \cdot T_u)$.

	Überschwingen		Aperiodische Regelung	
	Führung	Störung	Führung	Störung
P	$V = 0,7\alpha$		$V = 0,3\alpha$	
PI	$V = 0,6\alpha$	$V = 0,7\alpha$	$V = 0,35\alpha$	$V = 0,6\alpha$
	$T_N = T_g$	$T_N = 2,3T_u$	$T_N = 1,2T_g$	$T_N = 4T_u$
PID	$V = 0,95\alpha$	$V = 1,2\alpha$	$V = 0,6\alpha$	$V = 0,95\alpha$
	$T_N = 1,35T_g$	$T_N = 2T_u$	$T_N = T_g$	$T_N = 2,4T_u$
	$T_V = 0,47T_u$	$T_V = 0,42T_u$	$T_V = 0,5T_u$	$T_V = 0,42T_u$

Die Wendetangentenmethode und das Verfahren nach Chien-Hrones-Reswick lassen sich offensichtlich nur auf Strecken anwenden, deren Sprungantwort einen festen Endwert annimmt. Diese Strecken bezeichnet man deshalb als Strecken mit Ausgleich. Strecken ohne Ausgleich besitzen einen I-Anteil, für sie kommt eine andere Variante des Chien-Hrones-Reswick Verfahrens zur Anwendung.

Das Verfahren nach Chien, Hrones und Reswick für Strecken ohne Ausgleich

■ Beispiel

Für eine IT_1-Regelstrecke mit der Übertragungsfunktion

$$G_S(s) = \frac{3}{10s(1+2s)}$$

sind die Reglerparameter mit dem Verfahren nach Chien, Hrones und Reswick für Strecken ohne Ausgleichzu ermitteln.

Abbildung 4.13 zeigt die Sprungantwort der IT_1-Strecke. Abzulesen sind die Ersatztotzeit T_U und die Parameter Δt und Δh zur Ermittlung des Integrationsbeiwertes K_I. Mit diesen werden gemäß Tabelle 4.3 die Reglerparameter berechnet.

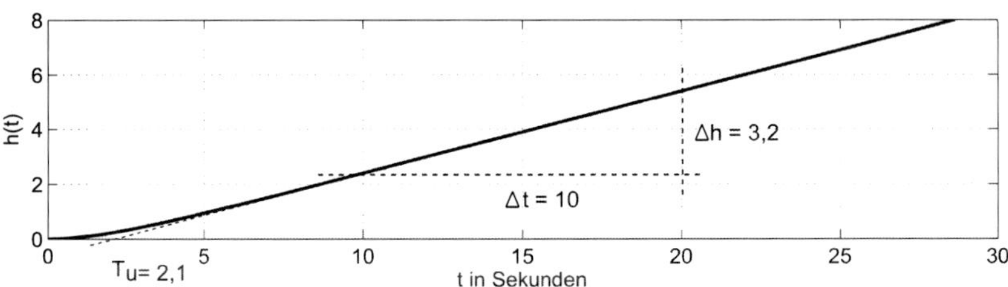

Abbildung 4.13: Definition der Ersatzparameter an einer IT_1-Regelstrecke.

Tabelle 4.3: Berechnung der Reglerparameter V, T_N und T_V mit den Einstellregeln nach Chien, Hrones und Reswick für Regelstrecken ohne Ausgleich, $K_I = \Delta h/\Delta t$, $\beta = 1/(K_I \cdot T_u)$.

	Überschwingen		Aperiodische Regelung	
	Führung	Störung	Führung	Störung
P	$V = 0,7\beta$		$V = 0,3\beta$	
PI	$*$	$V = 0,7\beta$ $T_N = 2,3T_u$	$*$	$V = 0,6\beta$ $T_N = 4T_u$
PID	$*$	$V = 1,2\beta$ $T_N = 2T_u$ $T_V = 0,42T_u$	$*$	$V = 0,95\beta$ $T_N = 2,4T_u$ $T_V = 0,42T_u$
PD	$V = 0,95\beta$ $T_V = 0,47T_u$	$V = 1,2\beta$ $T_V = 0,42T_u$	$V = 0,59\beta$ $T_V = 0,5T_u$	$V = 1,2\beta$ $T_V = 0,42T_u$

Bei der Anwendung von Tabelle 4.3 ist zu beachten, dass die mit $*$ markierten Reglervarianten nicht bestimmt werden, da ein I-Anteil in der Strecke, einen I-Anteil im Regler ausschließt.

Somit konnten für das gewählte Beispiel einer IT_1-Regelstrecke nur ein P-Regler und ein PD-Regler ermittelt werden. Ausgewählt wurde die Variante für gutes Führungsverhalten unter Tolerierung von Überschwingen. Die Abbildungen 4.14 und 4.15 zeigen die entsprechenden Verläufe der Regelgröße.

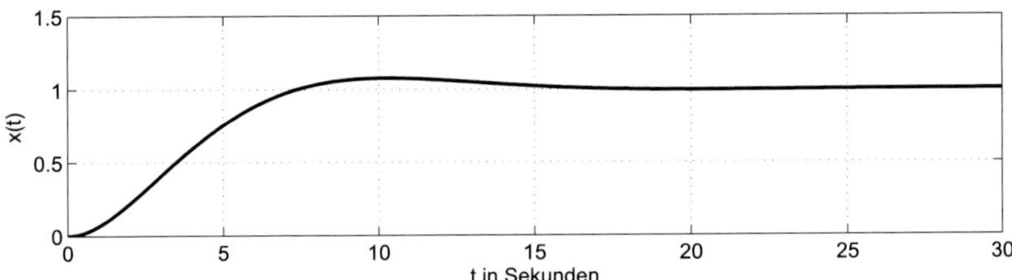

Abbildung 4.14: Verlauf der Regelgröße mit P-Regler, $V = 1,04$.

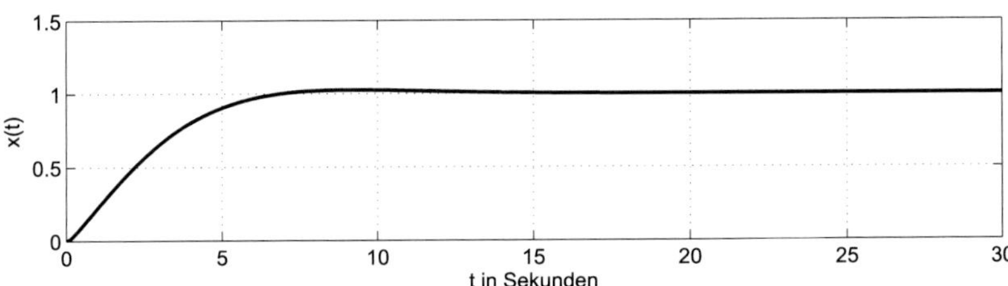

Abbildung 4.15: Verlauf der Regelgröße mit PD-Regler, $V = 1,41$, $T_V = 0,99$.

Die Stabilitätsrandemthode nach Ziegler und Nichols

Eine weitere Methode zur Bestimmung der Reglerparameter aus den Streckenparametern ist die Stabilitätsrandmethode nach Ziegler und Nichols. Im Unterschied zu den anderen vorgestellten Verfahren ist hier die Kenntnis eines bestimmten Streckenmodells keine Voraussetzung für die Anwendung des Verfahrens.

Notwendig ist es jedoch, den Regelkreis in eine Dauerschwingung zu versetzen. Dazu muss dieser einerseits überhaupt erst einmal schwingungsfähig sein, andererseits muss die Regelstrecke ohne Schaden zu nehmen der Dauerschwingung ausgesetzt werden können.

■ Beispiel

Für den in Abbildung 4.16 gezeigten Regelkreis sind die Reglerparameter mit der Stabilitätsrandmethode nach Ziegler und Nichols zu ermitteln.

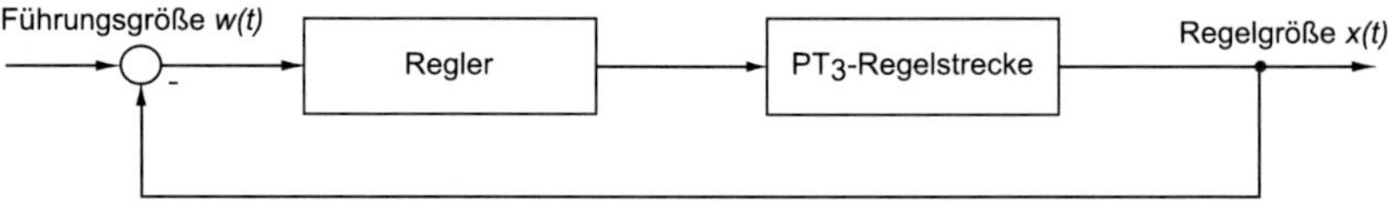

Abbildung 4.16: Beispiel-Regelkreis mit PT_3-Strecke.

Die PT_3-Regelstrecke hat die Übertragungsfunktion

$$G_S(s) = \frac{2}{s^3 + 2s^2 + 3s + 1}.$$

Die Stabilitätsrandmethode beruht darauf, die Verstärkung eines P-Reglers soweit zu erhöhen, dass der Regelkreis in eine Dauerschwingung gerät. Die entsprechende Verstärkung V_{krit} und die Periodendauer T_{krit} der Dauerschwingung, sind die notwendigen Kennwerte um die Reglerparameter gemäß Tabelle 4.4 zu berechnen.

Für den gegebenen Regelkreis wurde die Dauerschwingung bei einer Verstärkung von $V_{krit} = 2,5$ erreicht. Abbildung 4.17 zeigt die grafische Darstellung, aus der sich die Periodendauer $T_{krit} = 3,6$ ablesen lässt.

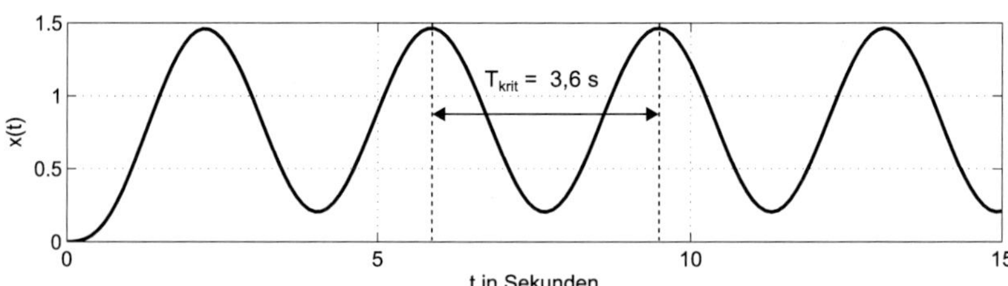

Abbildung 4.17: Grafische Darstellung der Dauerschwingung der Regelgröße.

Tabelle 4.4: Berechnung der Reglerparameter V, T_N und T_V mit der Stabilitätsrandmethode nach Ziegler und Nichols.

	V	T_N	T_V
P	$0,50V_{krit}$	-	-
PI	$0,45V_{krit}$	$0,85T_{krit}$	-
PID	$0,60V_{krit}$	$0,50T_{krit}$	$0,12T_{krit}$

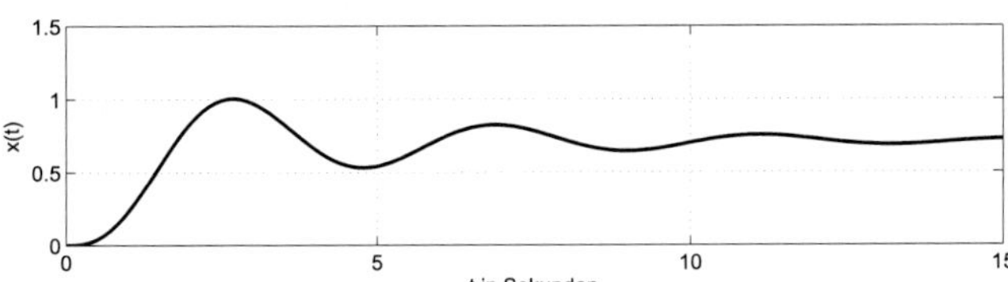

Abbildung 4.18: Verlauf der Regelgröße für die gewählte PT_3-Strecke mit einem P-Regler mit der Verstärkung $V = 1,25$.

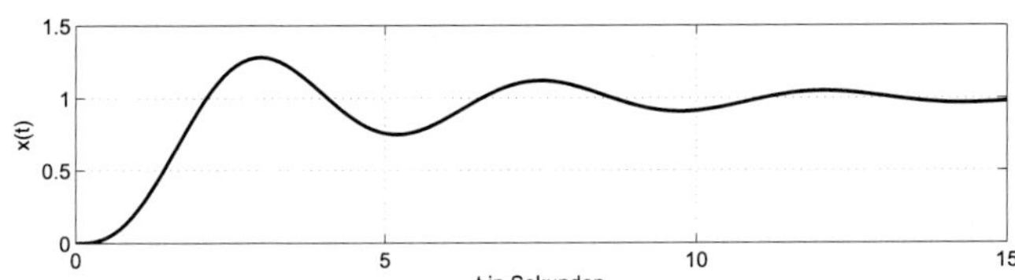

Abbildung 4.19: Verlauf der Regelgröße für die gewählte PT_3-Strecke mit einem PI-Regler mit $V = 1,125$ und $T_N = 3,06$.

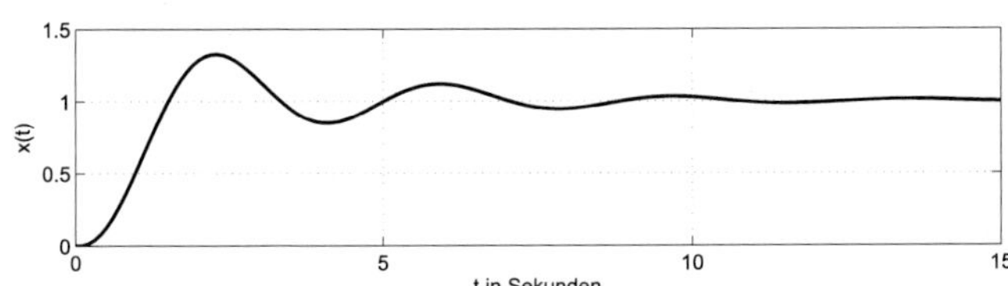

Abbildung 4.20: Verlauf der Regelgröße für die gewählte PT_3-Strecke mit einem PID-Regler, mit den Einstellungen $V = 1,5$, $T_N = 1,8$ und $T_V = 0,43$.

4.4 Genauigkeit der Regelung

Die Genauigkeit einer Regelung wird mit dem Begriff der bleibenden Regelabweichung beschrieben. Gemeint ist damit die Differenz zwischen Führungsgröße und Regelgröße, wenn sich beide Größen nicht mehr ändern.

Da der Zeitpunkt des Eintretens dieses Zustandes von der jeweiligen Anwendung abhängt, wird zur Berechnung der bleibenden Regelabweichung von einem Zeitpunkt nach unendlich langer Zeit ausgegangen. Die mathematische Behandlung dieser Annahme erlaubt der Endwertsatz der Laplace-Transformation:

$$\boxed{\lim_{t\to\infty} e(t) = \lim_{s\to 0} s \cdot E(s)}$$

Um $e(t)$ zu berechnen, benötigt benötigt also eine Gleichung für $E(s)$. Diese wird mit Hilfe des in Abbildung 4.2 vorgestellten Standardregelkreises hergeleitet. Dort erkennt zunächst

$$E(s) = W(s) - X(s) .$$

Da die Regelabweichung in Abhängigkeit von der Führungsgröße dargestellt werden soll, ist die Regelgröße zu ersetzen. Das gelingt durch Anwendung der allgemeinen Definition der Übertragungsfunktion auf die Übertragungsfunktion

$$G_0(s) = \frac{X(s)}{E(s)}$$

der offenen Kette. Durch Umstellen erhält man eine Gleichung

$$X(s) = G_0(s)\, E(s) .$$

Diese wird für $X(s)$ eingesetzt

$$E(s) = W(s) - G_0(s)\, E(s) ,$$

umstellen nach

$$E(s) = \frac{1}{1 + G_0(s)} W(s) ,$$

und Einsetzen in den Endwertsatz liefert den allgemeingültigen Zusammenhang

$$\boxed{\lim_{t\to\infty} e(t) = \lim_{s\to 0} s \cdot \frac{1}{1 + G_0(s)} W(s)}$$

zur Berechnung der Regelabweichung in Abhängigkeit von der Führungsgröße im Standardregelkreis.

Die Verwendung dieser Gleichung wird nun an zwei Beispielen gezeigt.

■ Beispiel
Eine PT_2-Strecke

$$G_S(s) = \frac{k}{as^2 + bs + c},$$

soll einem Führungsgrößensprung

$$W(s) = \frac{w}{s}$$

der Höhe w folgen. Gesucht ist die Gleichung zur Berechnung der bleibenden Regelabweichung bei Verwendung eines P-Reglers $G_{R1}(s) = V$.

Für die offene Kette ergibt sich

$$G_0(s) = G_{R1}(s)\,G_S(s) = \frac{kV}{as^2 + bs + c}.$$

Setzt man $G_0(s)$ und $W(s)$ in den Endwertsatz

$$\lim_{t\to\infty} e(t) = \lim_{s\to 0} s \cdot \frac{1}{1 + G_0(s)} W(s)$$

ein, erhält man

$$\lim_{t\to\infty} e(t) = \lim_{s\to 0} s \cdot \frac{1}{1 + \dfrac{kV}{as^2 + bs + c}} \frac{w}{s},$$

$$\lim_{t\to\infty} e(t) = \lim_{s\to 0} \frac{as^2 + bs + c}{as^2 + bs + c + kV} w,$$

$$\lim_{t\to\infty} e(t) = \frac{c}{c + kV} w.$$

Interpretation des Ergebnisses: Es gibt eine bleibenden Regelabweichung die von den Streckenparametern k und c, von der Reglerverstärkung V und der Sprunghöhe w der Führungsgröße abhängig ist. Da der Zähler der Gleichung nie null wird, wird die Regelabweichung nie null, kann aber durch eine Erhöhung der Reglerverstärkung verringert werden. Mit den Zahlenwerten $k = 2$, $a = b = 1$, $c = 2$ und $w = 4$ erhält man für eine Reglerverstärkung $V = 1$ beispielsweise

$$\lim_{t\to\infty} e(t) = 2,0.$$

Für $V = 3,0$ verringert sich bleibende Regelabweichung auf

$$\lim_{t\to\infty} e(t) = 1,0$$

und erhöht man weiter auf $V = 11,0$, erhält man

$$\lim_{t\to\infty} e(t) = \frac{1}{3}.$$

Abbildung 4.21 zeigt ein mit diesen Zahlenwerten gerechnetes Simulationsbeispiel.

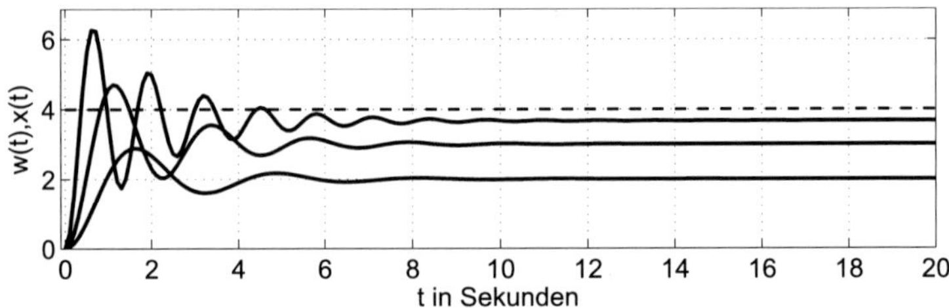

Abbildung 4.21: Der Abstand zwischen Führungsgröße (gestrichelte Linie) und Regelgröße (durchgezogene Linien) im stationären Zustand ist die bleibende Regelabweichung bei V =1;3;11 (von unten nach oben).

■ Beispiel: Für die gleiche PT_2-Strecke soll nun ein I-Regler mit der Übertragungsfunktion $G_{R2}(s) = \frac{1}{sT_N}$ verwendet werden. Es ergibt sich für die offene Kette

$$G_0(s) = G_{R2}(s)\, G_S(s) = \frac{k}{sT_N\left(as^2 + bs + c\right)}.$$

Setzt man $G_0(s)$ und $W(s)$ in den Endwertsatz

$$\lim_{t\to\infty} e(t) = \lim_{s\to 0} s \cdot \frac{1}{1 + G_0(s)} W(s)$$

ein, erhält man

$$\lim_{t\to\infty} e(t) = \lim_{s\to 0} s \cdot \frac{1}{1 + \frac{k}{sT_N\left(as^2 + bs + c\right)}} \frac{w}{s} = \lim_{s\to 0} \frac{sT_N\left(as^2 + bs + c\right)}{sT_N\left(as^2 + bs + c\right) + k} w = 0.$$

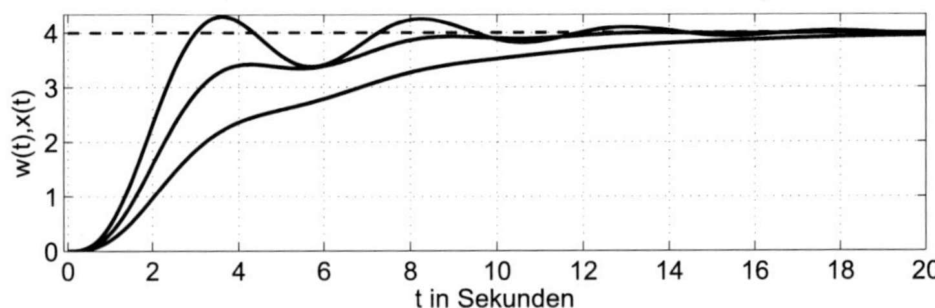

Abbildung 4.22: Bei Verwendung des I-Reglers tritt keine bleibende Regelabweichung auf. Je größer die Nachstellzeit gewählt wird, umso ruhiger, aber auch langsamer wird die Regelung, $T_N = 2; 3; 5$ (von oben nach unten).

4.5 Stabilität der Regelung

Zunächst ist zu klären, was unter Stabilität, bzw. stabilem Übertragungsverhalten zu verstehen ist.

> Eine Übertragungssystem wird als stabil bezeichnet, wenn es auf ein beschränktes Eingangssignal mit einem beschränkten Ausgangssignal antwortet. Dies bezeichnet man als BIBO-Stabilität (bounded-input-bounded-output).

Diese allgemeingültige Definition kann auf den Regelkreis angewendet werden:

> Ein Regelkreis wird als stabil bezeichnet, wenn er auf eine beschränkte Führungsgröße mit einer beschränkten Regelgröße antwortet. Der Regelkreis ist dann BIBO-stabil (bounded-input-bounded-output).

Im Folgenden werden zwei Methoden vorgestellt, mit denen die Stabilität von Regelkreisen mathematisch geprüft werden kann. Das *Hurwitz-Kriterium* ermittelt aus der Übertragungsfunktion des geschlossenen Regelkreises die Stabilität des geschlossenen Regelkreises. Das *Nyquist-Kriterium* ermittelt aus dem Frequenzgang der offenen Kette die Stabilität des geschlossenen Regelkreises.

4.5.1 Das Hurwitz-Verfahren

Das Hurwitz-Verfahren wird hier als Rechenvorschrift, ohne Herleitung vorgestellt. Ausgangspunkt ist der in Abbildung 4.2 vorgestellte Standardregelkreis. Folgende Rechenschritte sind auszuführen:

1. Berechnung der Übertragungsfunktion des offenen Regelkreises.

$$G_0(s) = \frac{Z_0(s)}{N_0(s)} = G_R(s)\, G_S(s)$$

2. Berechnung der Übertragungsfunktion des geschlossenen Regelkreises

$$G_{WX}(s) = \frac{Z(s)}{N(s)} = \frac{G_0(s)}{1 + G_0(s)} = \frac{Z_0(s)/N_0(s)}{1 + Z_0(s)/N_0(s)} = \frac{Z_0(s)}{Z_0(s) + N_0(s)}$$

3. Das Nennerpolynom $N(s)$ von $G_{WX}(s)$ bezeichnet man als das charakteristische Polynom

$$N(s) = Z_0(s) + N_0(s) = a_n s^n + a_{n-1} s^{n-1} + a_{n-2} s^{n-2} + \ldots a_0$$

des Regelkreises. Setzt man dieses zu Null, erhält man die charakteristische Gleichung des Regelkreises.

> Ein Regelkreis ist stabil, wenn alle Nullstellen der charakteristischen Gleichung
>
> $$a_n s^n + a_{n-1} s^{n-1} + a_{n-2} s^{n-2} + \ldots a_0 = 0.$$
>
> einen negativen Realteil haben.

Genau das wird mit dem Hurwitz-Kriterium überprüft, jedoch ohne die Nullstellen im Einzelnen zu berechnen.

4. Aus den Koeffizienten des charakteristischen Polynoms n-ten Grades bildet man nach folgender Vorschrift eine (n, n) Matrix

$$H = \begin{pmatrix} a_{n-1} & a_{n-3} & a_{n-5} & \cdots \\ a_n & a_{n-2} & a_{n-4} & \cdots \\ 0 & a_{n-1} & a_{n-3} & \cdots \\ 0 & a_n & a_{n-2} & \cdots \\ 0 & 0 & \vdots & \ddots \end{pmatrix}.$$

Wenn alle n Hauptabschnittsdeterminanten

$$D_1 = a_{n-1}, \qquad D_2 = \det \begin{pmatrix} a_{n-1} & a_{n-3} \\ a_n & a_{n-2} \end{pmatrix},$$

$$D_3 = \det \begin{pmatrix} a_{n-1} & a_{n-3} & a_{n-5} \\ a_n & a_{n-2} & a_{n-4} \\ 0 & a_{n-1} & a_{n-3} \end{pmatrix}, \qquad \cdots$$

der Matrix H positiv sind, dann besitzen alle Nullstellen von $N(s)$ einen negative Realteil. Diese Bedingung ist notwendig und hinreichend dafür, dass der Regelkreis die Eigenschaft der BIBO-Stabilität aufweist.

Anmerkungen:

1. Eine notwendige Bedingung für die Stabilität lautet $a_i > 0,\ i = 1 \ldots n$. Somit müssen alle Koeffizienten der charakteristischen Gleichung das gleiche Vorzeichen haben.
2. Für Polynome bis zum Grad zwei genügt es o.g. Bedingung zu prüfen.
3. In der Literatur findet man auch andere Varianten zur Bildung von H.
4. Matrixelemente mit negativem Index bekommen den Wert 0.

■ Beispiel

Es ist zu bestimmen, welchen Wert V die Verstärkung eines P-Reglers maximal annehmen kann, um eine nichtschwingungsfähige PT_3 Strecke zu regeln.

$$G_R(s) = V, \quad G_S(s) = \frac{k}{(1 + T_1 s)(1 + T_2 s)(1 + T_3 s)}$$

Übertragungsfunktion der offenen Kette:

$$G_0(s) = G_R(s)\, G_S(s) = \frac{kV}{(1 + T_1 s)(1 + T_2 s)(1 + T_3 s)} = \frac{Z_0(s)}{N_0(s)}$$

Das charakteristische Polynom:

$$Z_0(s) + N_0(s) = T_1 T_2 T_3 s^3 + (T_1 T_2 + T_2 T_3 + T_1 T_3)\, s^2 + (T_1 + T_2 + T_3)\, s + kV + 1$$

Ablesen der Matrixkoeffizienten:

$$a_0 = kV + 1, \; a_1 = T_1 + T_2 + T_3, \; a_2 = T_1 T_2 + T_2 T_3 + T_1 T_3 \;\; a_3 = T_1 T_2 T_3$$

Aufstellen der Matrix:

$$H = \begin{pmatrix} a_2 & a_0 & 0 \\ a_3 & a_1 & 0 \\ 0 & a_2 & a_0 \end{pmatrix}$$

Berechnung der Unterdeterminanten:

$$D_1 = \det \left[\; a_2 \;\right] = a_2$$

$D_1 > 0$ ist immer erfüllt, da Zeitkonstanten immer positiv sind.

$$D_2 = \det \begin{pmatrix} a_2 & a_0 \\ a_3 & a_1 \end{pmatrix} = a_1 a_2 - a_0 a_3 = a_1 a_2 - (kV + 1)\, a_3$$

$D_2 > 0$ ist erfüllt, wenn

$$V < \frac{a_1 a_2 - a_3}{k a_3}.$$

Bei Entwicklung nach der der dritten Spalte folgt für

$$D_3 = \det \begin{pmatrix} a_2 & a_0 & 0 \\ a_3 & a_1 & 0 \\ 0 & a_2 & a_0 \end{pmatrix} = a_0 D_2 = (kV + 1)\, D_2.$$

$D_3 > 0$ ist für positive Verstärkungen erfüllt, also immer. Damit folgt, dass die Regelung mit Reglerverstärkungen

$$0 < V < \frac{a_1 a_2 - a_3}{k a_3}.$$

stabil arbeitet. Beispielsweise ergeben sich mit den Streckenparametern $T_1 = 10$, $T_2 = 20$, $T_3 = 30$ und $k = 2$ die Koeffizienten $a_1 = 60$, $a_2 = 1100$, $a_3 = 6000$ und es folgt

$$0 < V < 5.$$

■ Beispiel

Es ist zu bestimmen, welchen Wert T_N die Nachstellzeit eines I-Reglers minimal annehmen kann, um eine PT_2-Strecke zu regeln. Die Parameter der Strecke sind mit $T_1 = 3$, $T_2 = 5$ und $k = 2$ gegeben.

$$G_R(s) = \frac{1}{sT_N}, \quad G_S(s) = \frac{k}{(1 + T_1 s)(1 + T_2 s)}$$

Übertragungsfunktion der offenen Kette:

$$G_0(s) = G_R(s)\, G_S(s) = \frac{k}{sT_N(1 + T_1 s)(1 + T_2 s)} = \frac{Z_0(s)}{N_0(s)}$$

Das charakteristische Polynom:

$$Z_0(s) + N_0(s) = T_1 T_2 T_N s^3 + T_N (T_1 + T_2) s^2 + T_N s + k$$

Ablesen der Matrixkoeffizienten mit den gegebenen Werten:

$$a_0 = 2, \; a_1 = T_N, \; a_2 = 8T_N \; a_3 = 15T_N$$

Aufstellen der Matrix:

$$H = \begin{pmatrix} a_2 & a_0 & 0 \\ a_3 & a_1 & 0 \\ 0 & a_2 & a_0 \end{pmatrix}$$

Berechnung der Unterdeterminanten:

$$D_1 = \det\left(a_2 \right) = 8T_N$$

$D_1 > 0$ ist immer erfüllt, da die Nachstellzeit immer positiv ist.

$$D_2 = \det \begin{pmatrix} a_2 & a_0 \\ a_3 & a_1 \end{pmatrix} = a_1 a_2 - a_0 a_3 = 8T_N^2 - 30T_N$$

$D_2 > 0$ ist erfüllt, wenn

$$T_N > \frac{15}{4} > 3,75.$$

Bei Entwicklung nach der der dritten Spalte folgt für

$$D_3 = \det \begin{pmatrix} a_2 & a_0 & 0 \\ a_3 & a_1 & 0 \\ 0 & a_2 & a_0 \end{pmatrix} = a_0 D_2 = 2D_2.$$

$D_3 > 0$ entspricht $D_2 > 0$. Damit folgt, dass die Regelung mit Nachstellzeiten

$$T_N > 3,75$$

stabil arbeitet.

4.5.2 Das Nyquist-Verfahren

Beim *Nyquist-Verfahren* wird aus dem Frequenzgang der offenen Kette die Stabilität des geschlossenen Regelkreises ermittelt. Es gilt:

> Wenn die Ortskurve des Frequenzgangs der offenen Kette den sogenannten *kritischen Punkt* $(-1, 0)$ nicht umschließt, dann ist der Regelkreis BIBO-stabil.

Betrachtet man beispielsweise einen Regelkreis aus P-Regler und PT_4-Regelstrecke mit den Übertragungsfunktionen

$$G_R(s) = V, \text{ und } G_S(s) = \frac{2}{(1+10s)^2(1+20s)(1+30s)}$$

lautet die Frequenzganggleichung der offenen Kette

$$G_0(s) = G_R(s)\,G_S(s) = \frac{2V}{(1+10j\omega)^2(1+20j\omega)(1+30j\omega)}.$$

Abbildung 4.23 zeigt die Ortskurve des Frequenzgangs. Bei Verstärkungen von 1,7 und 2,2 arbeitet der Regelkreis stabil, bei Verstärkungen von 2,7; 3,2 und 3,7 arbeitet der Regelkreis nicht stabil. Daraus folgt, dass es eine kritische Verstärkung zwischen 2,2 und 2,7 geben muss, bei der sich der Regelkreis an der Stabilitätsgrenze befindet. Diese Verstärkung wird mit dem Nyquist-Verfahren ermittelt.

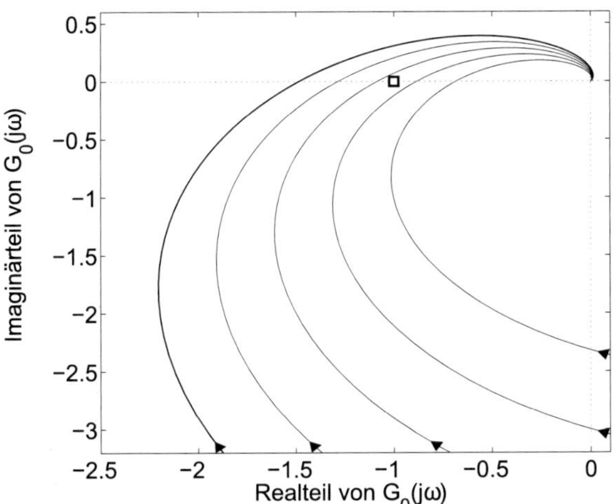

Abbildung 4.23: Frequenzgang der offenen Kette für unterschiedliche Reglerverstärkungen. Von rechts nach links: V= 1,7; 2,2; 2,7; 3,2; 3,7. Der kritische Punkt (-1,0) ist mit □ markiert.

Das Nyquist-Verfahren wird hier als Rechenvorschrift ohne Herleitung vorgestellt. Ausgangspunkt ist der in Abbildung 4.2 vorgestellte Standardregelkreis. Folgende Rechenschritte sind auszuführen:

1. Berechnung des Frequenzgangs des offenen Regelkreises.

$$G_0(j\omega) = G_R(j\omega)\, G_S(j\omega)$$

2. Durch konjugiert komplexes Erweitern mit dem Nenner von $G_0(j\omega)$ werden $\mathrm{Im}\{G_0(j\omega)\}$ und $\mathrm{Re}\{G_0(j\omega)\}$ bestimmt.
3. Man setzt $\mathrm{Im}\{G_0(j\omega)\} = 0$ und berechnet aus der entstandenen Gleichung die kritische Frequenz ω_{kr}. Dies ist die Frequenz, bei der die Ortskurve die reelle Achse irgendwo schneidet.
4. Um den Schnittpunkt an der interessierenden Stelle zu bekommen, setzt man zusätzlich $\mathrm{Re}\{G_0(j\omega_{kr})\} = -1$ und erhält eine Gleichung für die kritische Verstärkung V_{kr}.

Die Anwendung dieser Rechenvorschrift, wird im Folgenden an Beispielen erklärt.

■ Beispiel

Es ist zu bestimmen, welchen Wert V die Verstärkung eines P-Reglers maximal annehmen kann, um eine nichtschwingungsfähige PT_3- Strecke zu regeln.

$$G_R(s) = V, \quad G_S(s) = \frac{k}{(1+sT_1)(1+sT_2)(1+sT_3)}$$

Die Parameter der Strecke sind mit $T_1 = 10$, $T_2 = 20$, $T_3 = 30$ und $k = 2$ gegeben. Frequenzgang der offenen Kette:

$$G_0(j\omega) = G_R(j\omega)\,G_S(j\omega) = \frac{Vk}{(1+j\omega T_1)(1+j\omega T_2)(1+j\omega T_3)}$$

Zur Trennung von Real- und Imaginärteil wird $G_0(j\omega)$ mit dem konjugiert komplexen Nenner erweitert:

$$G_0(j\omega) = \frac{Vk}{(1+j\omega T_1)(1+j\omega T_2)(1+j\omega T_3)}\frac{(1-j\omega T_1)(1-j\omega T_2)(1-j\omega T_3)}{(1-j\omega T_1)(1-j\omega T_2)(1-j\omega T_3)} = \frac{Z_0(j\omega)}{N_0(j\omega)}$$

In einer Nebenrechnung werden Zähler und Nenner ausmultipliziert. Für den Zähler erhält man:

$$Z_0(j\omega) = 1 - j\omega T_2 - j\omega T_1 - \omega^2 T_1 T_2 - j\omega T_3 - \omega^2 T_2 T_3 - \omega^2 T_1 T_3 + j\omega^3 T_1 T_2 T_3$$

Zuordnung der Zählerterme zu Real- und Imaginärteil:

$$Z_0(j\omega) = 1 - \omega^2(T_1T_2 + T_2T_3 + T_1T_3) + j\left(\omega^3 T_1T_2T_3 - \omega(T_1 + T_2 + T_3)\right)$$

Der Nenner wird mit der dritten binomischen Formel berechnet, und man erhält in einem Schritt

$$\begin{aligned} N_0(j\omega) &= (1+j\omega T_1)(1-j\omega T_1)(1+j\omega T_2)(1-j\omega T_2)(1+j\omega T_3)(1-j\omega T_3) \\ &= \left(1+\omega^2T_1^2\right)\left(1+\omega^2T_2^2\right)\left(1+\omega^2T_3^2\right). \end{aligned}$$

Damit erhält man für die Frequenzganggleichung:

$$G_0(j\omega) = \underbrace{Vk\frac{1-\omega^2(T_1T_2+T_2T_3+T_1T_3)}{(1+\omega^2T_1^2)(1+\omega^2T_2^2)(1+\omega^2T_3^2)}}_{\mathrm{Re}\{G_0(j\omega)\}} + j\,\underbrace{Vk\frac{\omega^3T_1T_2T_3-\omega(T_1+T_2+T_3)}{(1+\omega^2T_1^2)(1+\omega^2T_2^2)(1+\omega^2T_3^2)}}_{\mathrm{Im}\{G_0(j\omega)\}}$$

Mittels $\mathrm{Im}\{G_0(j\omega)\} = 0$ wird die kritische Frequenz berechnet. Hierbei erhält man zunächst

$$\omega^3 T_1T_2T_3 - \omega(T_1+T_2+T_3) = 0$$

und nach Umstellen

$$\omega_{kr} = \pm\sqrt{\frac{T_1+T_2+T_3}{T_1T_2T_3}} = \pm\sqrt{\frac{60}{6000}} = \pm\sqrt{\frac{1}{100}} \text{ bzw. } \omega_{kr}^2 = \frac{1}{100}.$$

Mittels $\mathrm{Re}\{G_0(j\omega_{kr})\} = -1$ wird nun mit Hilfe der kritischen Frequenz die kritische Verstärkung berechnet. Hierbei erhält man aus

$$Vk\frac{1-\omega_{kr}^2\,(T_1T_2+T_2T_3+T_1T_3)}{(1+\omega_{kr}^2T_1^2)\,(1+\omega_{kr}^2T_2^2)\,(1+\omega_{kr}^2T_3^2)} = -1$$

durch Umstellen nach V die Gleichung für V_{kr}

$$V_{kr} = -\frac{(1+\omega_{kr}^2T_1^2)\,(1+\omega_{kr}^2T_2^2)\,(1+\omega_{kr}^2T_3^2)}{k\,(1-\omega_{kr}^2\,(T_1T_2+T_2T_3+T_1T_3))}.$$

Mit den gegebenen Zahlenwerten $T_1 = 10$, $T_2 = 20$, $T_3 = 30$, $k = 2$ sowie $\omega_{kr}^2 = \dfrac{1}{100}$ erhält man

$$V_{kr} = 5.$$

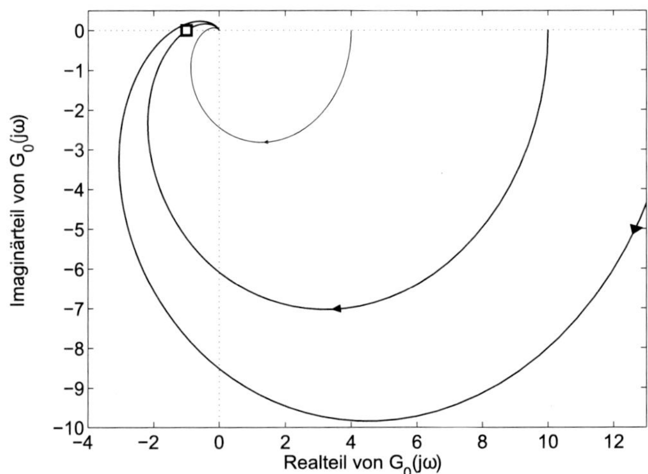

Abbildung 4.24: Grafische Darstellung des Frequenzgangs der offenen Kette des Beispiels. Von innen nach außen: $V = 2$, $V = V_{kr} = 5$ und $V = 7$.

■ Beispiel

Es ist zu bestimmen, welchen Wert T_N die Nachstellzeit eines I-Reglers minimal annehmen kann, um eine PT_2-Strecke zu regeln.

$$G_R(s) = \frac{1}{sT_N}, \quad G_S(s) = \frac{k}{(1+sT_1)(1+sT_2)}.$$

Die Parameter der Strecke sind mit $T_1 = 3$, $T_2 = 5$ und $k = 2$ gegeben.
Frequenzgang der offenen Kette:

$$G_0(j\omega) = G_R(j\omega)\,G_S(j\omega) = \frac{k}{j\omega T_N(1+j\omega T_1)(1+j\omega T_2)}$$

Zur Trennung von Real- und Imaginärteil wird $G_0(j\omega)$ mit dem konjugiert-komplexen Nenner erweitert.

$$G_0(j\omega) = \frac{k}{j\omega T_N(1+j\omega T_1)(1+j\omega T_2)}\frac{(-j\omega T_N)(1-j\omega T_1)(1-j\omega T_2)}{(-j\omega T_N)(1-j\omega T_1)(1-j\omega T_2)} = \frac{Z_0(j\omega)}{N_0(j\omega)}$$

In einer Nebenrechnung werden Zähler und Nenner ausmultipliziert. Für den Zähler erhält man

$$Z_0(j\omega) = -j\omega T_N - \omega^2 T_N T_2 - \omega^2 T_N T_1 + j\omega^3 T_N T_1 T_2.$$

Zuordnung der Zählerterme zu Real- und Imaginärteil:

$$Z_0(j\omega) = -\omega^2(T_N T_1 + T_N T_2) + j\left(\omega^3 T_N T_1 T_2 - \omega T_N\right)$$

Der Nenner wird mit der dritten binomischen Formel berechnet und man erhält in einem Schritt

$$(j\omega T_N)(-j\omega T_N)(1+j\omega T_1)(1-j\omega T_1)(1+j\omega T_2)(1-j\omega T_2) = \omega^2 T_N^2\left(1+\omega^2 T_1^2\right)\left(1+\omega^2 T_2^2\right).$$

Damit erhält man für die Frequenzganggleichung:

$$\begin{aligned} G_0(j\omega) &= \mathrm{Re}\{G_0(j\omega)\} + j\,\mathrm{Im}\{G_0(j\omega)\} \\ &= \underbrace{k\frac{-\omega^2(T_N T_1 + T_N T_2)}{\omega^2 T_N^2(1+\omega^2 T_1^2)(1+\omega^2 T_2^2)}}_{\mathrm{Re}\{G_0(j\omega)\}} + j\,\underbrace{k\frac{(\omega^3 T_N T_1 T_2 - \omega T_N)}{\omega^2 T_N^2(1+\omega^2 T_1^2)(1+\omega^2 T_2^2)}}_{\mathrm{Im}\{G_0(j\omega)\}} \\ &= \underbrace{k\frac{-(T_1+T_2)}{T_N(1+\omega^2 T_1^2)(1+\omega^2 T_2^2)}}_{\mathrm{Re}\{G_0(j\omega)\}} + j\,\underbrace{k\frac{\omega^2 T_1 T_2 - 1}{\omega T_N(1+\omega^2 T_1^2)(1+\omega^2 T_2^2)}}_{\mathrm{Im}\{G_0(j\omega)\}} \end{aligned}$$

Mittels $\mathrm{Im}\{G_0(j\omega)\} = 0$ wird die kritische Frequenz berechnet. Hierbei erhält man zunächst

$$\omega^2 T_1 T_2 - 1 = 0$$

und nach Umstellen

$$\omega_{kr} = \pm\sqrt{\frac{1}{T_1 T_2}} = \pm\sqrt{\frac{1}{15}} \text{ bzw. } \omega_{kr}^2 = \frac{1}{15}.$$

Mittels $\mathrm{Re}\left\{G_0\left(j\omega_{kr}\right)\right\} = -1$ wird nun mit Hilfe der kritischen Frequenz, die kritische Nachstellzeit berechnet. Hierbei erhält man aus

$$k\frac{-\left(T_1+T_2\right)}{T_N\left(1+\omega_{kr}^2T_1^2\right)\left(1+\omega_{kr}^2T_2^2\right)} = -1$$

durch Umstellen nach T_N die Gleichung für $T_{N\,kr}$

$$T_{N\,kr} = k\frac{T_1+T_2}{\left(1+\omega_{kr}^2T_1^2\right)\left(1+\omega_{kr}^2T_2^2\right)} = 3,75.$$

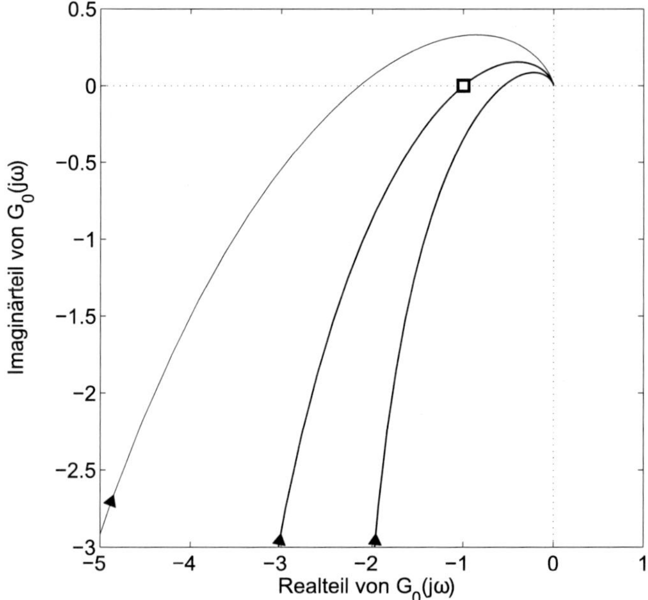

Abbildung 4.25: Grafische Darstellung des Frequenzgangs der offenen Kette des Beispiels. Von links nach rechts: $T_N = 1,75$, $T_{Nkr} = 3,75$ und $T_N = 6,75$.